高等学校通用教材

数值计算与算法实践

陈甜甜　主编

北京航空航天大学出版社

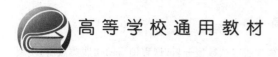

内 容 简 介

本书是为理工科大学本科相关专业开设的“工程计算方法”或“数值分析”课程编写的实践类教材，主要内容包括数值计算的基本概念、非线性方程的一般解法、线性方程组的直接解法、线性方程组的迭代解法、插值与逼近、数值积分、非线性优化、启发式算法。本书对各数值算法进行了概述，并重点介绍了如何用C语言进行各类方法的编程实践；各章安排了大量结合不同专业背景的习题以及难度适中、适合学生进行上机实验的题目。

本书可作为理工科大学相关专业本科生的实践类教材，以及研究生相关课程的习题集或实验指导书，也可供从事科学计算相关工作的工程技术人员参考。

图书在版编目(CIP)数据

数值计算与算法实践 / 陈甜甜主编. -- 北京 ：北京航空航天大学出版社，2022.3

ISBN 978-7-5124-3761-6

Ⅰ. ①数… Ⅱ. ①陈… Ⅲ. ①数值计算－高等学校－教材 Ⅳ. ①O241

中国版本图书馆 CIP 数据核字(2022)第 050375 号

数值计算与算法实践

陈甜甜　主编

策划编辑　蔡　喆　　责任编辑　刘晓明

*

北京航空航天大学出版社出版发行

北京市海淀区学院路 37 号(邮编 100191)　http://www.buaapress.com.cn

发行部电话：(010)82317024　传真：(010)82328026

读者信箱：goodtextbook@126.com　邮购电话：(010)82316936

涿州市新华印刷有限公司印装　各地书店经销

*

开本：787×1 092　1/16　印张：12.75　字数：326 千字

2022 年 3 月第 1 版　2022 年 3 月第 1 次印刷　印数：3 000 册

ISBN 978-7-5124-3761-6　定价：39.00 元

前　　言

2020 年 11 月 30 日，工业和信息化部印发了《“十四五”软件和信息技术服务业发展规划》。这份文件意义重大，工业软件多年“受制于人”的局面终于迎来“破冰”；同时，文件也指出现阶段“软件人才供需矛盾突出”。合格的、能胜任工业软件研发工作的软件人才应该具有什么样的专业品质？我们认为应具备相关专业背景、良好的数学能力以及优秀的计算机技术。而“工程计算方法”则是培养这类专业人才不可或缺的重要课程。这门课研究利用计算机求解各工程问题建模后的数学问题数值近似解，用于解决各类专业实际问题。目前市面上关于“数值分析”或“计算方法”的教材也不胜枚举，但其往往偏重于数值解法基本原理的讲述，而对如何用计算机进行实践着墨较少或仅仅代之以讲授如何调用 MATLAB 等软件包。鉴于此，编者决定编写这本《数值计算与算法实践》。本书是一本强调实践，集算法原理简介、代码实践指导、习题于一体的学生用书，旨在帮助学生更好地掌握计算方法原理并提高以 C 语言实现算法的能力。

本书 1～8 章分别讲述了数值计算的基本概念、非线性方程的一般解法、线性方程组的直接解法、线性方程组的迭代解法、插值与逼近、数值积分、非线性优化、启发式算法等内容，各章对算法进行概述和适当补充，并在相关章节中顺序安排了 Visual Studio 集成环境的使用、结构体、函数、数组、指针、宏定义、多文件编程、绘制图像数据的输入与输出等用 C 语言进行计算方法编程实践时会遇到的问题；各章编排了大量结合不同专业背景的习题，以填空、代码改错、简答、编程等形式给出。第 1～8 章另给出若干难度适中、适合学生进行上机实验的备选题目。第 9 章给出了部分习题答案。第 10 章给出了部分代码和数据。

由于编写时间仓促，也限于编者水平，书中难免会有错误、遗漏或编排不妥之处，恳请读者谅解并指正。在本书的编写出版过程中，得到了许多人的支持与帮助，在这里特别感谢课程团队负责人宁涛老师对本书出版的鼎力支持。书中部分习题与代码参考了宁涛老师编写的书籍《工程中的计算方法》；感谢沈梦飞、姜豪参与了书稿的整理以及部分习题、代码的编写；感谢北京航空航天大学出版社的编辑老师对书稿的编辑、校对；也感谢历届参与我们所开设“工程计算方法”课程的学生，与你们的教学互动为本书的编写提供了丰富的素材。

编　者

2022 年 1 月于北京

目　　录

第1章　绪　论 …… 1

1.1　Visual Studio 2010 简介 …… 1

1.1.1　VS2010 界面介绍 …… 1

1.1.2　VS2010 创建 C 语言程序的一般步骤 …… 2

1.2　C 语言中结构体的使用 …… 7

1.2.1　结构体的定义 …… 7

1.2.2　结构体变量的声明 …… 7

1.2.3　结构体成员的访问 …… 7

1.2.4　结构体数组 …… 8

1.3　舍入误差与浮点数的二进制表示 …… 9

1.3.1　舍入误差导致的重大灾难 …… 9

1.3.2　浮点数在计算机中的表示 …… 9

1.3.3　浮点数运算 …… 10

1.4　课后习题 …… 11

1.5　上机任务 …… 14

第2章　非线性方程 …… 15

2.1　C 语言程序中用户自定义函数的使用 …… 15

2.1.1　为什么要使用自定义函数 …… 15

2.1.2　自定义函数的元素 …… 15

2.1.3　函数的定义 …… 16

2.1.4　函数的声明 …… 16

2.1.5　函数的调用 …… 16

2.2　非线性方程的一般解法 …… 16

2.2.1　二分法 …… 17

2.2.2　定点法 …… 18

2.2.3　牛顿法 …… 20

2.2.4　牛顿下山法 …… 22

2.2.5　弦截法 …… 23

2.2.6　小　结 …… 24

2.3　课后习题 …… 25

2.4　上机任务 …… 27

第3章　线性方程组的直接解法 …… 28

3.1　数　组 …… 28

3.1.1　概　述 …… 28

3.1.2 一维数组 …… 28
3.1.3 二维数组 …… 29
3.1.4 数组传参 …… 30
3.1.5 数组的特点 …… 30
3.2 线性方程组 …… 30
3.2.1 高斯消元法 …… 30
3.2.2 列主元素法 …… 31
3.2.3 追赶法 …… 32
3.3 向量的范数 …… 32
3.4 矩阵的范数 …… 33
3.5 线性方程组性态分析 …… 35
3.6 课后习题 …… 36
3.7 上机任务 …… 39
第4章 线性方程组的迭代解法 …… 40
4.1 指 针 …… 40
4.1.1 概 述 …… 40
4.1.2 指针与数组 …… 40
4.2 动态数组 …… 41
4.2.1 概 述 …… 41
4.2.2 如何创建动态数组 …… 41
4.3 线性方程组 …… 43
4.3.1 雅可比(Jacobi)法 …… 44
4.3.2 高斯-赛德尔(Gauss-Seidel)法 …… 44
4.3.3 迭代法的收敛条件 …… 46
4.3.4 稀疏矩阵的计算 …… 47
4.4 课后习题 …… 48
4.5 上机任务 …… 53
第5章 插值与逼近 …… 54
5.1 C语言中的宏定义 …… 54
5.1.1 宏定义的基本语法 …… 54
5.1.2 宏定义的特点 …… 56
5.2 逼 近 …… 56
5.2.1 最小二乘逼近 …… 56
5.2.2 最佳平方逼近 …… 57
5.3 插 值 …… 57
5.3.1 多项式插值概述 …… 57
5.3.2 拉格朗日(Lagrange)插值 …… 58
5.3.3 埃尔米特(Hermite)插值 …… 59
5.3.4 三次样条插值 …… 60

5.3.5　贝塞尔(Bézier)曲线 …… 60
5.3.6　小　结 …… 62
5.4　用C语言绘制插值函数图像 …… 62
5.5　多文件编程 …… 63
5.5.1　模块化编程的思想 …… 63
5.5.2　在工程中添加头文件(.h文件) …… 64
5.5.3　在工程中添加多个源文件(.c或.cpp文件) …… 65
5.6　课后习题 …… 72
5.7　上机任务 …… 74
第6章　数值积分 …… 75
6.1　概　述 …… 75
6.2　数值积分的基本思想 …… 75
6.3　插值型求积公式 …… 76
6.3.1　梯形公式 …… 76
6.3.2　辛普森(Simpson)公式 …… 76
6.3.3　柯茨(Cotes)系数 …… 77
6.3.4　复化求积方法 …… 78
6.4　变步长积分法 …… 79
6.5　蒙特卡洛方法 …… 81
6.6　课后习题 …… 82
6.7　上机任务 …… 84
第7章　非线性优化 …… 85
7.1　概　述 …… 85
7.2　极值存在的必要条件 …… 85
7.3　一维优化问题的求解方法 …… 86
7.3.1　交叉试探法 …… 86
7.3.2　黄金分割法 …… 87
7.4　多维优化问题的求解方法 …… 89
7.4.1　最速下降法 …… 89
7.4.2　拉格朗日乘子法 …… 91
7.5　应用案例 …… 94
7.6　课后习题 …… 97
7.7　上机任务 …… 102
第8章　启发式算法 …… 103
8.1　数据的输入与输出 …… 103
8.1.1　重定向输入与输出 …… 103
8.1.2　利用文件进行输入与输出 …… 108
8.2　神经元模型概述及其应用 …… 109
8.2.1　神经元模型概述 …… 109

8.2.2 单神经元分类器的应用 …… 111
8.3 遗传算法概述及其应用 …… 112
8.3.1 遗传算法概述 …… 112
8.3.2 遗传算法应用 …… 114
8.4 粒子群算法概述及其应用 …… 116
8.4.1 粒子群算法概述 …… 116
8.4.2 粒子群算法应用 …… 116
8.5 模拟退火算法概述及其应用 …… 118
8.5.1 模拟退火算法概述 …… 118
8.5.2 模拟退火算法应用 …… 118
8.6 课后习题 …… 119
8.7 上机任务 …… 120
第 9 章 部分课后习题参考答案 …… 121
9.1 第 1 章课后习题参考答案 …… 121
9.2 第 2 章课后习题参考答案 …… 125
9.3 第 3 章课后习题参考答案 …… 128
9.4 第 4 章课后习题参考答案 …… 130
9.5 第 5 章课后习题参考答案 …… 136
9.6 第 6 章课后习题参考答案 …… 139
9.7 第 7 章课后习题参考答案 …… 144
9.8 第 8 章课后习题参考答案 …… 150
第 10 章 附录 代码和数据 …… 152
10.1 简单绘图程序接口 …… 152
10.2 单神经元分类器代码及数据 …… 161
10.3 遗传算法求解一元函数极值问题代码 …… 171
10.4 遗传算法求解 TSP 问题代码及数据 …… 175
10.5 粒子群算法求解二元函数极值问题代码 …… 188
10.6 模拟退火算法求解一元函数极值问题代码 …… 191
参考文献 …… 193

第1章　绪　论

【实践任务】

① 掌握 Visual Studio 2010 创建 C 语言程序的方法，熟练使用 Visual Studio 2010 进行 C 语言程序的编译、调试和运行。

② 了解算法的概念，学会分析算法的时间复杂度。

③ 掌握舍入误差的概念，理解研究舍入误差问题对解决实际工程问题的意义。

④ 深入理解浮点数在计算机中的二进制表示方法。

⑤ 掌握使用 C 语言实现浮点数编程的基本方法，例如避免两相近数相减、避免大数吃小数、减少运算次数等。

1.1　Visual Studio 2010 简介

Visual Studio 2010(以下简称 VS2010)是微软公司的软件集成开发环境，支持 VC、C++ 等多种编程语言，是一个面向对象、功能强大的程序开发集成系统。

1.1.1　VS2010 界面介绍

如图 1－1 所示，VS2010 主界面主要由菜单栏、解决方案资源管理器、文本编辑区和输出窗口等部分构成。

图 1－1　VS2010 主界面

① 菜单栏：包含 VS2010 的所有功能。

② 解决方案资源管理器：管理解决方案中源文件、头文件等文件。

③ 文本编辑区：编辑源程序代码和资源等。

④ 输出窗口：显示操作结果及各种信息。

1.1.2 VS2010 创建 C 语言程序的一般步骤

1. 新建项目

① 打开 VS2010，在菜单栏中选择“文件”→“新建”→“项目”，出现如图 1－2 所示的对话框。

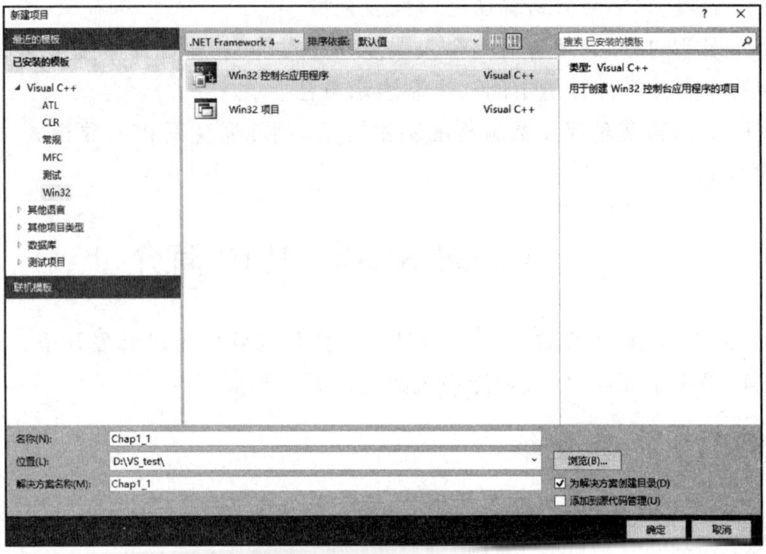

图 1－2 “新建项目”对话框

② 在左侧模板列表中选择“Visual C++”下的“Win32”，右侧选择“Win32 控制台应用程序”。

③ 在下方输入项目名称，同时将自动生成相同的“解决方案名称”，亦可自行修改。单击“浏览”按钮，选择合适的项目文件存储路径。

④ 单击“确定”按钮，弹出如图 1－3 所示的“Win32 应用程序向导”对话框。

⑤ 单击“下一步”按钮，在图 1－4 所示的对话框中进行应用程序设置。选择“控制台应用程序”，勾选“附加选项”下的“空项目”，单击“完成”按钮，即可完成新项目 Chap1_1 的创建。

2. 添加源文件

① 切换至“解决方案管理视图”。新项目创建完成后，将在主窗口左侧出现如图 1－5 所示的视图；否则，应在菜单栏中选择“视图”→“解决方案资源管理器”进行切换。

② 添加源文件。右击左侧视图的项目名称处，选择“添加”→“新建项”，在弹出的新窗口中选择 C++文件，并修改文件名称，如图 1－6 所示。值得注意的是，若要使用标准 C 语言编程，此处应将源文件后缀设置为“.c”；若不设置文件后缀，将默认生成“.cpp”文件。在本书中，将默认使用标准 C 语言编程，即在不加说明时，源文件后缀为“.c”。

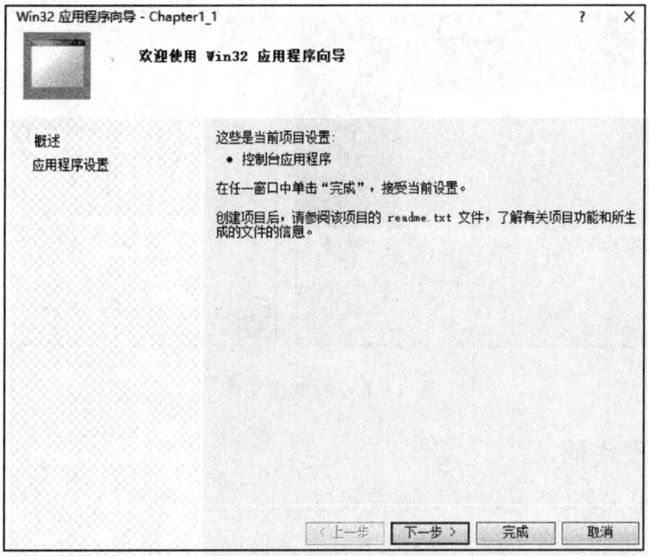

图 1－3　“Win32 应用程序向导”对话框

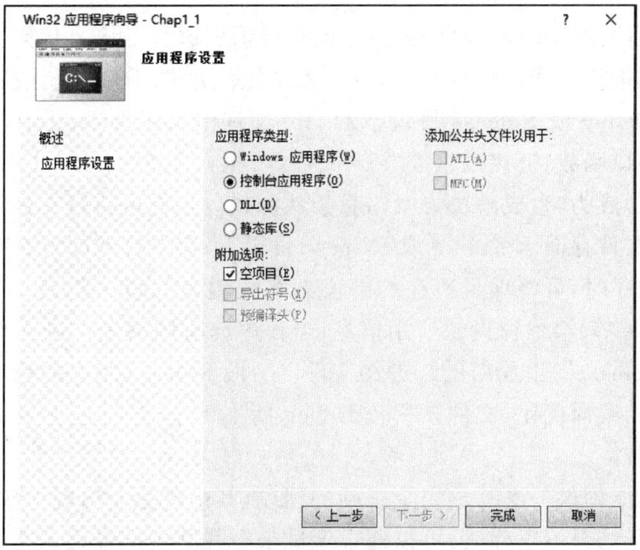

图 1－4　“应用程序设置”对话框

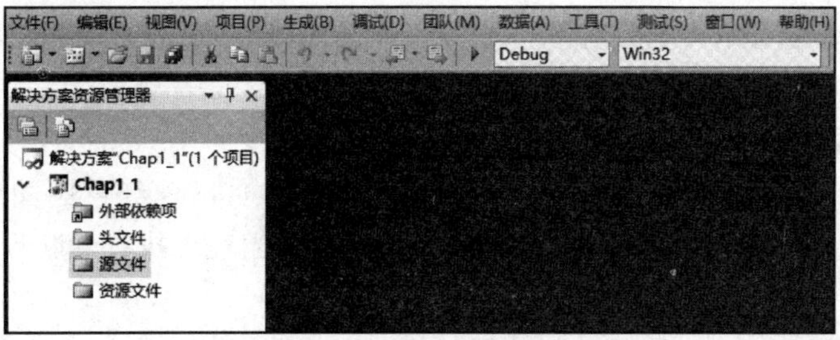

图 1－5　“解决方案资源管理器”视图

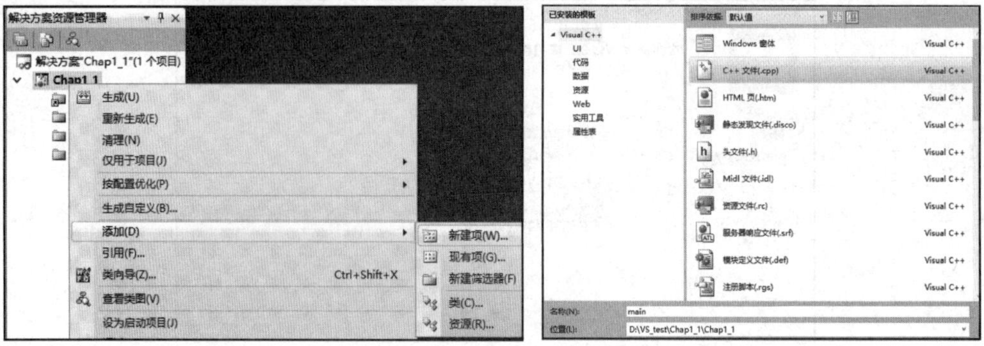

图 1-6　添加源文件

3. 编写源程序代码

打开新添加的源文件,即可编写 C 语言程序。

注:一个项目中可包含多个源文件,但所有源文件中只能包含一个 main 函数(C 程序的入口函数)。

4. 程序的编译、调试和运行

C 语言是一种高级程序语言,但机器并不能直接识别这些 C 语言代码。因此,在编写完源程序代码后,需对其进行编译,此时编译器将源程序转化为中间代码。这些中间代码不能直接运行,它们存储于 Debug 或 Release 目录下的.obj 文件中。在 VC6.0 中,可以通过链接来将其与系统的 API(接口函数)链接以生成.exe 文件(可执行文件)。与 VC6.0 不同的是,VS 将编译和链接的功能集成为“生成解决方案”,直接从源代码生成可执行文件,为开发者提供了便利。生成的可执行文件存储于 Debug 或 Release 目录下,双击打开即可直接运行。

当编写、调试程序时,可将项目所在的解决方案配置为“Debug”,此时生成的二进制文件(.obj、.lib、.dll、.exe 等)会保留调试所用信息;当程序编写调试无误进入发布环节时,可更改解决方案配置为“Release”,生成新的二进制文件。一般 Release 版本的程序不携带调试信息,且进行了一定程度的编译优化,文件体积较 Debug 版本更小,运行速度更快。运行验证后,即可将其进行正式发布。

通常情况下,不能确保一次写出完全正确的程序,其中难免会出现一些语法错误与逻辑错误。当发现程序运行结果不正确时,可以通过调试来查找其中的错误。在调试过程中,可以通过观察程序运行的步骤、各变量值的变化等,分析程序中的错误出现在何处。下面将通过 3 个简单的例子介绍程序编译、调试和运行过程。

【例 1-1】　试用 C 语言编程计算 0.2×3－0.6 的值。(本例中,以变量“d”表示式 0.2×3－0.6 的值。)

① 编译。在菜单栏中选择“生成”→“生成解决方案”。

② 设置断点。单击代码行左侧的空白条(快捷键 F9),出现红色圆圈即为程序断点,如图 1-7 所示,再次单击即可取消断点。在调试过程中,每当程序执行到断点处都将暂停(断点所在行未执行)。

③ 调试。在菜单栏中选择“调试”→“开始调试”(快捷键 F5)进入调试状态。如图 1-8 所示,输出窗口处切换到“局部变量”,可观察到变量“d”值的变化。选择“调试”→“逐语句”

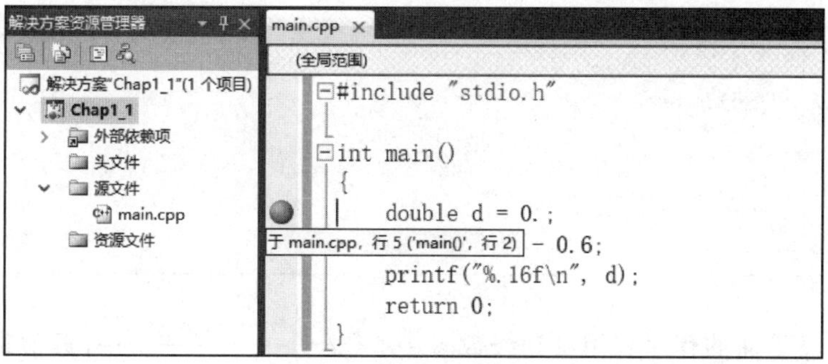

图 1-7　设置断点

(F11)逐行地执行程序，最终得 d=1.110 223 024 625 156 5e-16，表明在计算机中，0.2×3 不精确等于 0.6。选择"调试"→"停止调试"可提前终止调试。

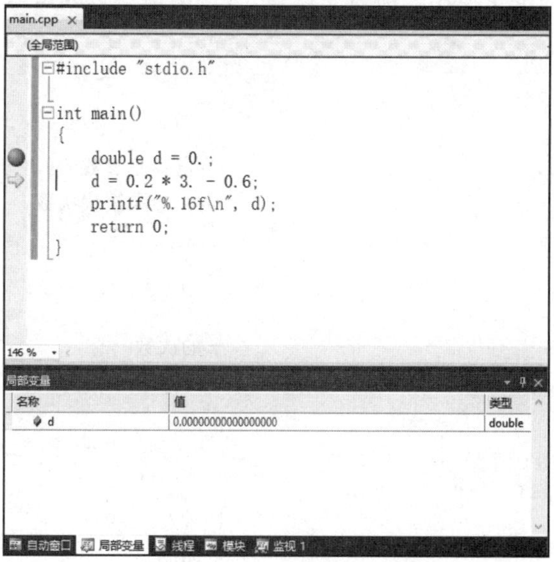

图 1-8　调　试

注：若需观察其他变量的值，右击选择"添加监视"，即可在新添加的监视窗口中显示相应变量的值。

④ 运行。在菜单栏中选择"调试"→"开始执行(不调试)"，观察程序输出。

【例 1-2】　判断 100～150 这 51 个数中，哪些是质数，哪些是合数；试设置断点，用 VS2010 的调试功能观察程序运行的过程。

参考下面的程序：

```
int main()
{
    int n, i;
    for (i = 100; i < = 150; i++ )
    {
        for (i = 2; i < n - 1; i++ )
```

```
        {
            if (n % i == 0)
                break;
        }
    }
    return 0;
}
```

【例 1-3】 下面的程序利用泰勒级数 $e^x = 1 + x + \frac{x^2}{2!} + \frac{x^3}{3!} + \cdots$，近似地计算 e^x 的值，试找出程序中存在的错误。

思路：首先，通过设置断点调试查找程序中的错误；其次，改正错误后用 VS2010 的调试功能观察变量"delta"值的变化过程；最后，找出该程序结束的条件。

提示：0 的阶乘为 1；变量使用之前需要赋值。（答案请参考改错题 2。）

```
#include < stdio.h >
#include < math.h >

#define eps 1e-7                                   // 给定容差参数
#define MAXIT 100                                  // 定义最大迭代次数

int main()
{
    int i = 0;                                     // x 的次数
    double x, power, fac, sum = 0., delta;         // 变量声明
    printf("输入 x,");
    scanf("%lf", &x);
    for (i = 0; i < MAXIT; i++)
    {
        fac = fac * i;                             // i 的阶乘
        power = power * x;                         // x 的次幂
        delta = power / fac;
        if (fabs(delta) < eps)
            break;
        sum += delta;                              // 多项式的和
    }
    if (i == MAXIT)                                // 达到最大迭代次数
    {
        return 0;
    }
    return 1;
}
```

1.2　C 语言中结构体的使用

在 C 语言中,结构体(struct)是一种结构化的数据类型,它可以用来表示不同类型数据的集合。

1.2.1　结构体的定义

假设现在需要存储一个班级所有学生的姓名、学号及期末考试成绩,则可以定义一个结构体 student,如下:

```
struct student
{
    char name[20];
    unsigned int number;
    float score;
};
```

注:① 结构体的定义需要关键字 struct 修饰;

② 结构体的定义被视为一条语句,要以分号结尾;

③ 这段程序中,student 被称为标记符,后续可以利用标记符声明结构体变量。

1.2.2　结构体变量的声明

在定义了结构体 student 后,便可以对结构体变量进行声明:

```
struct student stu1, stu2, stu3;
```

上面的语句完成了对三个结构体变量 stu1、stu2 和 stu3 的声明,可以用于存储三个学生的相关信息。

还可以用关键词 typedef 定义结构体,这样便可以在声明结构体变量时,省去关键词 struct。请看下面的语句:

```
typedef struct
{
    char name[20];
    unsigned int number;
    float score;
}student;
student stu1, stu2, stu3;
```

1.2.3　结构体成员的访问

使用成员运算符“.”可以实现对结构体变量各个成员的访问,如:

```
stu1.number = 12345678;
stu2.score = 93.5;
strcpy(stu3.name, "张三");
```

也可以利用“{}”在编译时对结构体进行初始化：

```
stu1 = {"李四", 12345678, 95.5};
```

1.2.4 结构体数组

结构体数组可以用来描述一系列相关的变量，例如，在需要对全班同学的期末成绩进行管理时，可以将结构体 student 作为模板，声明一个结构体数组：

```
struct student allStudent[100];
```

上面的语句声明了一个结构体数组，其元素类型为 struct student，共包含 100 个元素。若要访问第 6 个（索引为 5）学生的成绩，请看下面的语句：

```
allStudent[5].score;
```

【例 1－4】 请用 C 语言定义名为 mPoint3D 的结构体，包含 3 个双精度型的成员变量：x、y、z。求三维空间中两点的中点并输出。

```
#include < math.h >
#include < stdio.h >
typedef struct
{
    double x;
    double y;
    double z;
}mPoint3D, mVector3D;
mVector3D getVector(mPoint3D p1, mPoint3D p2);

int main()
{
    mPoint3D p1 = { 0, 0, 0 }, p2 = { 1, 2, 3 };
    mVector3D v;
    v = getVector(p1, p2);
    printf("构成的向量为:v = [%.2f, %.2f, %.2f]\n", v.x, v.y, v.z);
}

mVector3D getVector(mPoint3D p1, mPoint3D p2)
{
    mVector3D v;
    v.x = p2.x - p1.x;
    v.y = p2.y - p1.y;
    v.z = p2.z - p1.z;
    return v;
}
```

1.3 舍入误差与浮点数的二进制表示

大多数计算机以二进制的形式实现数字的存储。但由于计算机存储空间、字长的限制，数字往往不能被精确地表示，这时便需要用浮点数近似地表示实数。由此将在浮点运算时进行四舍五入的处理而产生的误差，称为舍入误差。

1.3.1 舍入误差导致的重大灾难

1991年2月25日，伊拉克发射的一枚飞毛腿导弹击中了美军在沙特阿拉伯的宰赫兰基地，致使美军士兵28人丧生、98人受伤，这是海湾战争中美军唯一一次超过百人伤亡的事件。事后，美国军方在调查报告中指出，爱国者导弹跟踪系统计算机为24位，存在0.000 1%的计时误差，在持续工作100 h后，该系统累计误差达到了0.34 s，导致其未能完成拦截飞毛腿导弹的任务。

资料来源：《中国航天》1991年12期——《爱国者拦截飞毛腿失败的原因》。

一个不起眼的舍入误差，竟然造成了如此巨大的损失。可见，在实际问题中，对浮点数舍入误差的研究具有十分重要的意义。

1.3.2 浮点数在计算机中的表示

在计算机中，只有"很少"一部分数可以用计算机精确表示。例如例1-1中0.2×3并不精确等于0.6。浮点即floating-point，在浮点数产生之前人们曾经使用定点数(fixed-point numbers)，意思即在一个数字表示系统中，小数点的位置是固定的，例如对于8位十进制数，可以约定小数点的位置固定于中间，于是对于"00012345"，其表示的数字为1.234 5。在科学计算中，遇到的数值变化范围非常大，此时定点数系统无法满足需要，例如氢的人工合成同位素半衰期为0.000 000 000 000 000 000 000 1 s(1×10^{-22} s)，土卫一的公转周期为152 853.504 7 s。对于变化范围如此巨大的数字系统，浮点数是最好的解决方案。

C语言中，float和double类型分别为单精度浮点数和双精度浮点数。单精度浮点数由32个二进制位(4个字节)组成，包含1位符号位、8位指数位、23位底数位；双精度浮点数由64个二进制位(8个字节)组成，包含1位符号位、11位指数位、52位底数位。浮点数的表示基于二进制的科学计数法，以双精度浮点数为例，其在计算机中的表示形式如图1-9所示。

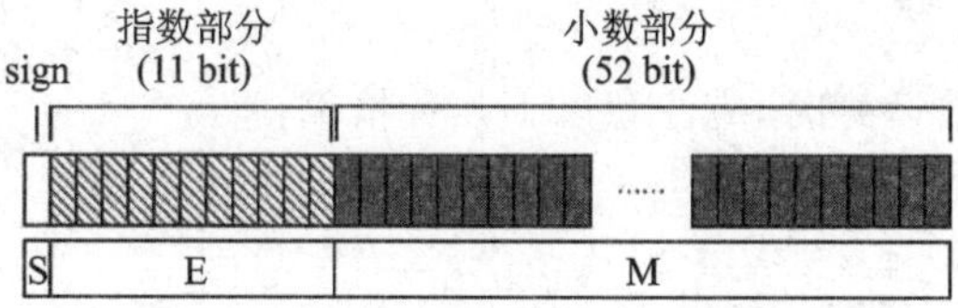

图1-9 64位双精度浮点数

浮点数表达式为

$$(-1)^{\text{sign}}(1.M)_2\times2^{E-1\,023} \tag{1.1}$$

① 首位符号位S："0"表示正数，"1"表示负数。

② 指数部分E：无符号整数。当E为8位或11位时，其真实值分别为E−127或E−1 023。实

际指数位存储在指数域值中减去一个偏移量(单精度为127,双精度为1 023)。

③ 小数部分M:M为23位或52位。一般情况下 $1\leqslant 1+M<2$,即 $M=0.d_{51}d_{50}\cdots d_1d_0$。

浮点数标准规定:

当E不全为0且不全为1时,小数部分M的前面需加上1;当E全为0时,小数M的前面不需要加1,此时表达的为非规约形式的浮点数,其指数偏移量要比一般情况下小1;当E全为1时,若M全为0,则表示±∞(正负由符号位sign决定),否则表示的不是一个数。

【例1-5】 将十进制数178.125表示成单精度浮点数。

解:

$$178.125=10\ 110\ 010.001=1.011\ 001\ 000\ 1\times 2^7$$

$$7=E-127,指数位\ E=134=10\ 000\ 110$$

$$小数位\ M=0\ 110\ 010\ 001$$

其完整的浮点数形式为

0　10000110　011001000100000 0000 0000

【例1-6】 如何求最小的正浮点数和最大的正浮点数?

解:符号位S为0,此时浮点数为正数。当小数位M最低位为1、其余全为0时,指数位E全为0,此时的值为最小的正浮点数,即

0　00000000000　0000000000000000000000000000000000000000000000000001

该数为 $2^{-52}\times 2^{-1\ 022}=2^{-1\ 074}\approx 4.94\times 10^{-324}$。

当指数位E的最低位为0、其余全为1、小数位为52个1时,此时的值为最大的正浮点数,即

0　11111111110　1111111111111111111111111111111111111111111111111111

该数为 $(2-2^{-52})\times 2^{1\ 023}\approx 1.798\times 10^{-308}$。

需注意,当E全为1时,若M全为0,则表示+∞;若M全为1,则超出规定范围表示的不是一个数。

【例1-7】 双精度浮点数"1."需要对分多少次才能变为"0."?

解:1 075次。

根据例1-5可知最小的正浮点数如下:

0　00000000000　0000000000000000000000000000000000000000000000000001

其值为 $(0.00\cdots 001)_2\times 2^{0-1\ 023}=1\times 2^{-52}\times 2^{-1\ 023}=2^{-1\ 075}$,因此,对分"1 075"次,即表示指数下限的 $2^{11-1}-1=1\ 023$ 与底数位数52的和。

1.3.3 浮点数运算

用计算机进行浮点数运算时,应注意以下几种情况:

① 避免相近数相减。

【例1-8】 $\dfrac{1}{759}-\dfrac{1}{761}\approx 3.462\ 609\ 872\ 93\times 10^{-6}$。

解:若用四位有效数字直接计算,则 $\dfrac{1}{759}-\dfrac{1}{761}\approx(1.318-1.314)\times 10^{-3}=4\times 10^{-6}$,结果仅剩一位有效数字;若改为 $\dfrac{1}{759}-\dfrac{1}{761}=\dfrac{2}{759\times 761}\approx\dfrac{2}{5.776\times 10^5}=3.463\times 10^{-6}$,则有四位有效数字。

② 避免除数绝对值远小于被除数。

【例 1-9】 $\frac{(5/3)\times 10^{10}}{\ln(10/7)}\approx 4.6727887534\times 10^{10}$。

解：若用四位有效数字直接计算，则 $\frac{(5/3)\times 10^{10}}{\ln(10/7)}\approx\frac{1.667\times 10^{10}}{\ln 1.429}\approx\frac{1.667\times 10^{10}}{0.3570}\approx 4.670\times 10^{10}$，可见，该结果与该式的精确值有很大差异。

③ 避免大数吃小数。

$1.0+1.0^{-20}$ 的结果还是 1.0。

④ 减少运算次数。

例如计算 2^{63} 的值。逐个相乘需要 63 次乘法运算。若改写为 $2^{63}=2\times 2^2\times 2^4\times 2^8\times 2^{16}\times 2^{32}$，则需要 10 次乘法运算。

⑤ 在 C 语言中，不能用"=="直接判断两浮点数是否相等。

在例 1-1 中计算机计算 0.2×3 并不精确等于 0.6。

1.4 课后习题

一、填空题

1. 结构体需要用关键词________定义。

2. 算法是满足________、________、________，并具有一定的________、________的一系列计算步骤。

3. 评价算法的指标有________、________、________和________。

4. 在进行浮点运算时，做四舍五入处理所导致的误差称为 ________。

5. 单精度浮点数由________个二进制位(____个字节)组成，包含____位符号位、____位指数位、____位底数位；双精度浮点数由________个二进制位(____个字节)组成，包含____位符号位、____位指数位、____位底数位。

6. 双精度浮点数"−7.5lf"的二进制表示为________，sign=________，E=________，M=________。

7. IEEE 单精度二进制表示如下，则 A 表示________，B 表示________，C 表示________，D 表示________。

A	1	11111111	00000000000000000000000
B	0	11111111	10000000000000000000000
C	0	00000000	11000000000000000000000
D	1	10000010	00100000000000000000000

8. 若算法能将________控制在合理范围内，则称之为数值稳定。

9. 关于数值稳定性的基本原则有：________、________、________、________。

10. 计算多项式 $P_n(x)=a_nx^n+a_{n-1}x^{n-1}+\cdots+a_1x+a_0$ 的值，共需要________次乘法和________次加法运算；利用算法将上式改写成 $P_n(x)=\{\cdots[(a_nx+a_{n-1})x+a_{n-2}]x+\cdots a_1\}x+a_0$，共需要________次乘法和________次加法运算。

二、改错题

1. 下面这段程序的功能为“输入三个二维点的坐标，判断三点是否共线”，其中存在多处错误，请找出并改正。

```
#include <stdio.h>
#include <math.h>
#define e1 1e-4;
#define e2 1e-6;
typedef struct                                  // 结构体数组，存储二维点或向量
{
    double x;
    double y;
}mPoint2D, mVector2D

int main()
{
    int i = 0;
    mPoint2D p[3];                              // 结构数组，存储三个二维点坐标
    mVector2D v1, v2;                           // 定义两个二维向量，便于求点积
    double s, theta, a, b;
    for (i = 0; i < 3; i++);
        scanf("%f %f", p[i].x, p[i].y);
    v1 = mGetVector(p[0], p[1]);                // 计算点 p1、p2 构成的向量
    v2 = mGetVector(p[0], p[2]);                // 计算点 p1、p3 构成的向量
    a = mGetLength(v1);
    b = mGetLength(v2);                         // 求以 p1 为顶点的两向量的模
    theta = mDotProduct(v1, v2);                // 求以 p1 为顶点的两向量的点积
    theta = acos(theta / a * b);                // 求 p1 处两向量夹角的余弦
    s = 1 / 2 * a * b * sin(theta);             // 求三角形面积
    if (fabs(s) == e2)                          // 若三角形面积小于给定的容差
        printf("三点共线\n");
    else
        printf("三点不共线\n");
    return 0;
}
```

2. 下面的程序利用泰勒级数 $e^x = 1 + x + \frac{x^2}{2!} + \frac{x^3}{3!} + \cdots$，近似地计算 e^x 的值，试找出程序中存在的错误。

```
#include <stdio.h>
#include <math.h>

#define eps 1e-7                                // 给定容差参数
#define MAXIT 100                               // 定义最大迭代次数
```

```
int main()
{
    int i = 0;                                   // x 的次数
    double x, power, fac, sum = 0., delta;       // 变量声明
    printf("输入 x:");
    scanf("%lf", &x);
    for ( i = 0; i < MAXIT; i++ )
    {
        fac = fac * i;                           // i 的阶乘
        power = power * x;                       // x 的次幂
        delta = power / fac;
        if (fabs(delta) < eps)
            break;
        sum += delta;                            // 多项式的和
    }
    if (i == MAXIT)                              // 达到最大迭代次数
    {
        return 0;
    }
    return 1;
}
```

三、简答题

1. 试构造一个算法,使其时间复杂度为 $O(2^{2^n})$。

2. 试改进下列计算公式,使结果尽可能准确。

(1) $\dfrac{e^{2x}-1}{3}$, $|x|\ll 1$;

(2) $\sqrt{x+\dfrac{1}{x}}-\sqrt{x-\dfrac{1}{x}}$, $x\gg 1$。

3. 利用分部积分可得 $f(x)=x^n e^{x-1}$ 在 $x\in[0,1]$上的积分,可表示为

$$I_n=\int_0^1 x^n e^{x-1}\mathrm{d}x = x^n e^{x-1}\Big|_0^1-\int_0^1 nx^{n-1}e^{x-1}\mathrm{d}x=1-nI_{n-1}$$

$I_1=1/e$,若取 6 位有效数字,得

$$I_1=\frac{1}{e}\approx 0.367\ 879$$

试利用上述递推公式依次计算 $I_2,I_3,\cdots,I_9$,观察绝对误差的变化规律,分析误差变化的原因,并尝试由此改进该算法。

四、编程题

1. 结构体 test 包含两个成员变量,依次为 int 和 double 类型,试用 C 语言声明一个 struct test 类型的变量并赋初值。

2. 试用 C 语言实现辗转相除算法,求两正整数的最大公约数。

3. 浮点数的运算:

(1) 试用C语言编程计算当 $x=10^{-1},10^{-2},\cdots,10^{-8}$ 时，$\frac{1-\cos x}{\sin^2 x}$ 的值。

(2) 试用C语言编程解一元二次方程 $x^2-(10^9+10^{-9})x+1=0$。

1.5 上机任务

1. 用C语言编程计算二维向量的模并单位化，计算两个二维向量的点积、向量积(叉积)及夹角，分别输出相应的结果。

2. 输入三个三维点的坐标，给定容差参数，判断三点能否确定一个三维空间中的平面，打印输出正确的结果。如果可以确定一个平面，请进一步输出该平面的单位法向量。

第 2 章　非线性方程

【实践任务】

① 复习 C 语言中用户自定义函数的用法。

② 深入理解求解非线性方程的迭代方法，包括二分法、定点法、牛顿法、牛顿下山法、弦截法、带埃特金加速的定点法等。

③ 掌握收敛速度的概念，比较不同迭代方法求解非线性方程的优劣之处。

④ 掌握用 C 语言编程实现迭代求解非线性方程的任务。

2.1　C 语言程序中用户自定义函数的使用

2.1.1　为什么要使用自定义函数

在实际问题中，程序的规模往往很大，若仅使用一个 main 函数来完成所有功能，将导致程序冗长，给程序的调试、维护、升级等都带来巨大的困难。另外，如果程序中的某个功能可能被多次重复使用，用户可选择将这部分程序封装为自定义函数。通过调用函数的形式实现程序的功能，可以大大提高程序的可读性，同时也节省了程序运行的时间和内存空间。

2.1.2　自定义函数的元素

在 C 语言程序中，为使用自定义函数，需要创建三个与之相关的元素：

① 函数的定义；

② 函数的声明；

③ 函数的调用。

【例 2-1】　自定义函数 $f(x)=x^3-x-1$，并在 main 函数中调用 $f(x)$，计算并返回 $f(1)$和 $f(2)$的值。

```
#include < stdio.h >
double f(double x);                   // 函数声明
int main()
{
    double x0 = 1.0, y1, y2;
    y1 = f(x0);                       // 函数调用,计算并返回 f(1)
    y2 = f(x0 + 1.);                  // 函数调用,计算并返回 f(2)
    printf ("f(1) = %.6f\n f(2) = %.6f\n", y1, y2);
    return 0;
}
double f(double x)                    // 函数定义
{
```

```
    double y;
    y = x * x * x - x - 1.;
    return y;      // 函数返回 x^3 - x - 1 的值,数据类型为 double
}
```

2.1.3 函数的定义

如图 2-1 所示,函数的定义包括两大部分:函数头和函数体。

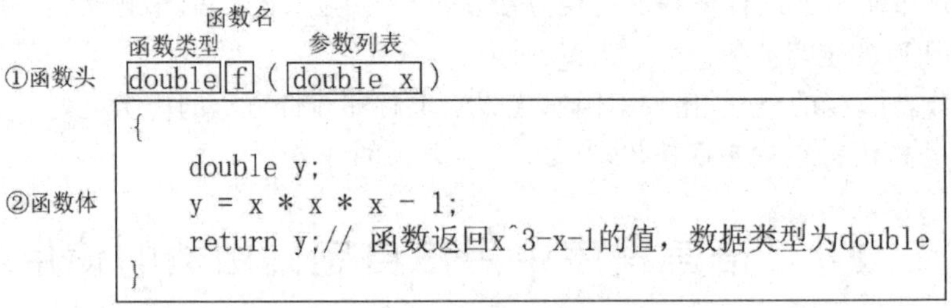

图 2-1 函数定义示例

① 函数头:函数定义的第一行,由函数类型、函数名、参数列表三部分组成。

② 函数体:包括实现函数功能的语句及相关的声明,由变量声明语句、执行语句、return 语句三部分组成。若函数类型为 void,则不返回任何值;return 语句虽然可以省略,但不建议省略。

2.1.4 函数的声明

函数的声明位于函数调用之前,其函数类型、函数名、参数列表中的数据类型及顺序与函数定义中的函数头一致;所不同的是,函数声明是一个语句,应在行末添上分号。例如:

```
double f(double x);     // 函数声明
```

2.1.5 函数的调用

函数名加上圆括号内的实参列表即可实现函数调用,应当注意使实参列表的数据类型及顺序与函数定义和声明中的形参列表保持一致。例如:

```
double x0 = 1.0, y1, y2;
y1 = f(x0);              // 函数调用,计算并返回 f(1)
y2 = f(x0 + 1.);         // 函数调用,计算并返回 f(2)
```

2.2 非线性方程的一般解法

求解非线性问题时,除少数情况外,一般不能用求根公式直接求解。特别地,对于一元五次及以上的高次方程,甚至没有一般的通解公式。因此,常用迭代的方法求解此类问题,即设法构造一组近似值序列以逼近方程的真实解。常见的迭代法主要有:二分法、定点法、牛顿法、牛顿下山法、弦截法等。

2.2.1　二分法

定理 2.1　对于闭区间$[a,b]$上的连续函数 $f(x)$，若 $f(x)$在该区间两端点异号，即 $f(a)f(b)<0$，则 $f(x)$在$[a,b]$上至少存在一个零点。

二分法的基本思想为：将$[a,b]$区间不断对分，使缩短后的区间$[a_k,b_k]$中始终包含 $f(x)$的零点 x^*，直至满足给定精度的要求，此时，区间中点$\frac{a_k+b_k}{2}$即方程 $f(x)=0$ 的近似解，如图 2-2 所示。

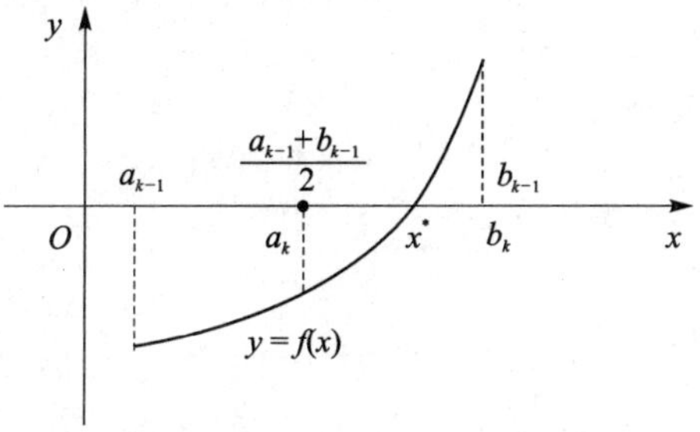

图 2-2　二分法基本思路示意图

【例 2-2】　用 C 语言编程实现二分法，并求解方程 $f(x)=x^3-5x+1$ 在$[0,1]$上的解，给定精度为 10^{-5}，打印输出方程的解及迭代次数。

```
#include <stdio.h>
#include <stdbool.h>
#include <math.h>

#define EPS 1e-5                          // 收敛容差
#define MAXIT 100                         // 最大迭代次数
double f(double x);                       // f(x)
bool myBisection(double a, double b, double e, int max);        // 二分法函数声明

double f(double x)   // f(x) = x^3 - 5 * x + 1
{
    return x * x * x - 5 * x + 1.;
}
bool myBisection(double a, double b, double e, int max)         // 二分法函数定义
{
    double x = 0.;
    int i = 0;                                                  // 迭代次数
    if (f(a) * f(b) < 0.)                                       // 如果根存在
    {
        for (i = 0; i < max; i++)
        {
```

```
            x = (a + b) / 2.;
            if (fabs(f(x)) < e)
            {
                i++;
                printf("迭代%d次之后,方程的根为:%.6f\n", i, x);  // 输出
                return true;
            }
            if (f(x) * f(a) < 0.)              // 若解在左半边区间内
                b = x;                         // 取左半边为新的区间
            else
                a = x;                         // 否则,取右半边为新区间
        }
    }
    else                                       // 区间端点同号
        printf("不满足零点存在条件\n");
    return false;
}
```

二分法的特点如下:

① 对函数要求较低,只要函数连续即可。

② 二分法是线性收敛的,计算过程中只用到了函数值的正负,没有充分利用函数的性质,收敛速度较慢。

③ 一次对分只能求一个解,不能求复根。

④ 越接近真实解时,二分法的迭代效率越低;但在初期,二分法能有效缩短根所在的区间。因此,二分法常用于为其他迭代方法提供初值。

2.2.2 定点法

定理 2.2 如果 $\varphi(x)$满足下列条件:① 当 $x\in[a,b]$时,$\varphi(x)\in[a,b]$;② 对任意 $x\in[a,b]$,存在 $0<L<1$,使 $|\varphi'(x)|\leqslant L<1$,则方程 $x=\varphi(x)$在$[a,b]$上有唯一的根 x^*,且对任意初值 $x_0\in[a,b]$,迭代序列 $x_{k+1}=\varphi(x_k)$,$k=0,1,2,\cdots$,均收敛于 x^*,如图 2-3 所示。

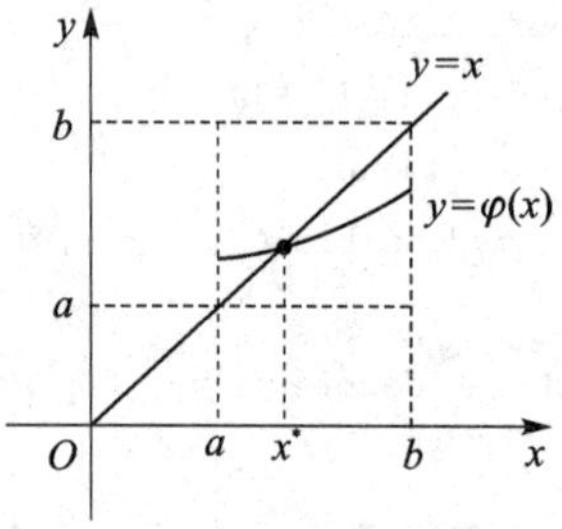

图 2-3 定点法收敛条件

将非线性方程 $f(x)=0$ 转化成 $x=\varphi(x)$的形式,利用定理 2.2 可构造迭代序列 $x_{k+1}=\varphi(x_k)$,$k=0,1,2,\cdots$,收敛于 x^*,该方法即为定点法。

迭代法收敛的快慢由收敛速度来描述。设迭代序列$\{x_k\}$收敛于方程的真实解 x^*,如果 $\lim\limits_{k\to\infty}\dfrac{|x_{k+1}-x^*|}{|x_k-x^*|^p}=C$(常数)$\neq 0$,则称序列$\{x_k\}$以 p 阶的速度收敛于 x^*。对定点法迭代序列$\{x_k\}$,有 $\lim\limits_{k\to\infty}\dfrac{|x_{k+1}-x^*|}{|x_k-x^*|}=\lim\limits_{k\to\infty}\dfrac{|\varphi(x_k)-\varphi(x^*)|}{|x_k-x^*|}=|\varphi'(x)|\neq 0$,故定点法是线性收敛的。

埃特金加速：

若 $\varphi(x)$ 收敛于 x，则

$$\lim_{k\to\infty}\frac{x_{k+1}-x^*}{x_k-x^*}=\varphi'(x)$$

当 k 充分大时，有

$$\frac{x_{k+2}-x^*}{x_{k+1}-x^*}\approx\frac{x_{k+1}-x^*}{x_k-x^*}$$

解得

$$x^*\approx\frac{x_k x_{k+2}-x_{k+1}^2}{x_{k+2}-2x_{k+1}+x_k}$$

在定点法中，将上式作为 x_k 可能得到更高的精度，称为带埃特金加速的定点法。

【例 2-3】 用C语言编程实现带埃特金加速的定点法，并求解方程 $f(x)=x^3-5x+1=0$ 在[0,1]上的解，给定精度为 10^{-5}，打印输出方程的解及迭代次数。

```
#include <stdio.h>
#include <stdbool.h>
#include <math.h>

#define EPS 1e-5                                   // 收敛容差
#define MAXIT 100                                  // 最大迭代次数
double phi(double);                                // φ(x)函数的声明
bool myAitken(double x0, double e, int max);       // 带埃特金加速的定点法程序

bool myAitken(double x0, double e, int max)
{
    int i;
    double x1 = phi(x0), x2, x, y, d;
    for (i  = 0; i < max; i++)
    {
        x2 = phi(x1);
        if (fabs(x2 - x1) < e)
            return true;
        d = x2 - 2 * x1 + x0;/*埃特金加速——分母*/
        if (fabs(d) > 1.e-20)/*避免埃特金加速失效*/
        {
            x = (x0 * x2 - x1 * x1) / d;/*埃特金加速*/
            y = phi(x);
            if (fabs(x - y) < e)/*满足精度条件*/
            {
                printf("迭代%d次之后,方程的根为:%.6f\n", i + 1, y);//输出
                return true;
            }
        }
```

```
        x0 = x1;
        x1 = x2;
    }
    printf("达到最大迭代次数\n");
    return false;
}
double phi(double x)                                    // φ(x)函数定义
{
    return 0.2 * (x * x * x + 1.);
}
```

定点法的特点如下：

① 对初值的要求较低。只要满足定理 2.2 的两个条件，则从任意初值 $x_0 \in [a,b]$ 开始迭代，都将收敛至 x^*。

② 带埃特金加速的定点法在开始阶段非常有效，但随着迭代次数的增加，埃特金加速的分母 $d=x_{k+2}-2x_{k+1}+x_k$ 趋向于 0，将导致埃特金加速失效。

2.2.3 牛顿法

取 $f(x)$ 在 x_0 处的泰勒展开的前两项来近似地替代 $f(x)$，即 $f(x) \approx f(x_0)+f'(x_0)(x-x_0)$，得近似的线性方程 $f(x_0)+f'(x_0)(x-x_0)=0$，若 $f'(x_0) \neq 0$，则 $x=x_0-\dfrac{f(x_0)}{f'(x_0)}$ 可作为近似根 x_1，进一步可得求解方程 $f(x)=0$ 的牛顿迭代公式

$$x_{k+1}=x_k-\frac{f(x_k)}{f'(x_k)}$$

牛顿法迭代过程如图 2-4 所示。

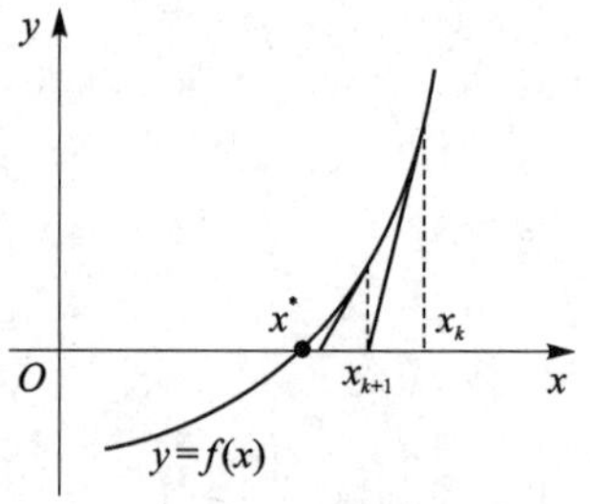

图 2-4 牛顿法迭代过程

【例 2-4】 用C语言编程实现牛顿法，并求解方程 $f(x)=x^3-5x-1$ 在 0.5 附近的根，给定精度为 10^{-5}，打印输出方程的解及迭代次数。

```
#include <stdio.h>
#include <stdbool.h>
#include <math.h>
```

```
#define EPS1 1e-5                          // 收敛容差
#define EPS2 1e-10                         // 判断导数是否为零
#define MAXIT 100                          // 最大迭代次数
bool myNewton(double e1, double e2, double x0, int max);
double f(double x);                        // f(x)函数的声明
double df(double x);                       // f'(x)函数的声明

bool myNewton(double e1,                   // 判断是否收敛
              double e2,                   // 判断导数是否为 0
              double x0,
              int max)
{
    int i = 0;                             // 记录迭代次数
    double y, x = x0, dy;
    for (i = 0; i < max; i++ )
    {
        y = f(x);                          // f(x)
        dy = df(x);                        // f'(x)
        if (fabs(dy) < e2)
            return false;                  // 导数为 0,退出程序
        dy = y / dy;                       // f(x)/f'(x)
        x -= dy;                           // 牛顿迭代
        if (fabs(y) < e1)                  // 收敛
        {
            printf("迭代 %d 次之后,方程的根为:%.6f\n", i, x);  // 输出
            return true;
        }
    }
    printf("达到最大迭代次数\n");
    return false;
}

double f(double x)
{
    return x * x * x - 5. * x + 1.;  // f(x) = x^3 - 5x + 1;
}
double df(double x)
{
    return 3 * x * x - 5.;  // f'(x) = 3x^2 - 5;
}
```

牛顿法的特点如下：

① 平方收敛性。将 $f(x)$ 在 x_k 处用泰勒公式展开，得

$$f(x)=f(x_k)+f'(x_k)(x-x_k)+\frac{f''(\xi)}{2!}(x-x_k)$$

式中，ξ 介于 x^* 与 x_k 之间。进一步有

$$f(x^*)=f(x_k)+f'(x_k)(x^*-x_k)+\frac{f''(\xi)}{2!}(x^*-x_k)=0$$

$$\Rightarrow \frac{f(x_k)}{f'(x_k)}+(x^*-x_k)=-\frac{f''(\xi)}{2f'(x_k)}(x-x_k)^2$$

$$\Rightarrow x^*-x_{k+1}=-\frac{f''(\xi)}{2f'(x_k)}(x-x_k)^2$$

$$\lim_{k\to\infty}\frac{|x^*-x_{k+1}|}{|x^*-x_k|^2}=\lim_{k\to\infty}\left|\frac{f''(\xi)}{2f'(x_k)}\right|=\left|\frac{f''(x^*)}{2f'(x^*)}\right|=C\neq 0$$

② 对函数的连续性要求较高。牛顿法要求 $f(x)$ 在 x^* 附近有连续的二阶导数。

③ 对初值的要求较高。若 x_0 不在收敛范围内，则牛顿迭代序列 $\{x_k\}$ 不收敛。

④ 计算量较大。每一步迭代都要计算 $f(x)$ 和 $f'(x)$，不适用于求导复杂甚至无法求导的函数。

2.2.4 牛顿下山法

由于牛顿法对初值 x_0 的要求较高，将其修改为

$$x_{k+1}=x_k-\lambda\frac{f(x_k)}{f'(x_k)}$$

可提高牛顿迭代公式的收敛性，称为牛顿下山法。其中，λ 称为下山因子，要求满足 $0<\varepsilon_\lambda\leqslant\lambda\leqslant 1$，$\varepsilon_\lambda$ 称为下山因子下限。一般可取 $\lambda=1,2^{-1},2^{-2},\cdots$，使 $|f(x_{k+1})|<|f(x_k)|$。

【例 2-5】 用 C 语言编程实现牛顿下山法，并求解方程 $f(x)=x^3-5x+1=0$ 在 0.5 附近的根，给定精度为 10^{-5}，打印输出方程的解及迭代次数。

```
bool myNewtonDownHill(double e1, double e2, double x0, int max);

bool myNewtonDownHill(double e1, double e2, double x0, int max)
{
    int i, j;
    double y, d, old, lambda, t;
    t = x0;
    for (i = 0; i < max; i++)
    {
        old = f(t);
        d = df(t);
        if (fabs(d) < e2)
            return false;
        d = old / d;
        lambda = 1.;
        for (j = 0; j < 8; j++)
        {
            y = f(t - lambda * d);
            if (fabs(old) > fabs(y))
```

```
            break;
        lambda *= 0.5;
    }
    if (j < 8)
        t -= lambda * d;
    else
    {
        t -= d;
        y = f(t);
    }
    if (fabs(y) < e1)
    {
        printf("迭代%d次之后,方程的根为%.6f\n", i, t);  // 输出
        return true;
    }
}
printf("达到最大迭代次数\n");
return false;
}
```

牛顿下山法的特点如下：

收敛性好于牛顿法。相较于牛顿法，牛顿下山法在迭代公式中引入下山因子 λ，放宽了牛顿迭代公式对初值 x_0 的要求。

2.2.5　弦截法

牛顿法在迭代过程中，需要计算函数的导数，有一定的计算量。弦截法采用弦线的斜率近似替代函数的导数，简化了牛顿法的计算。

弦截法可分为单点弦截法和双点弦截法，这里对单点弦截法进行详细介绍；有关双点弦截法的基本思路，读者可自行查阅资料学习。

牛顿迭代公式中的 $f'(x_k)$ 近似地用弦线斜率 $\dfrac{f(x_k)-f(x_0)}{x_k-x_0}$ 替代，得到单点弦截迭代公式：

$$x_{k+1}=x_k-\frac{f(x_k)}{f(x_k)-f(x_0)}(x_k-x_0)$$

其迭代过程如图 2-5 所示。

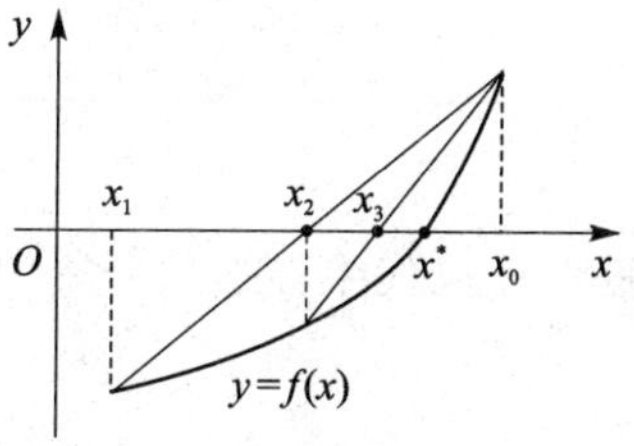

图 2-5　单点弦截法迭代过程

【例 2-6】 用C语言编程实现单点弦截法，并求解方程 $f(x)=x^3-5x+1=0$ 在0.5附近的根，给定精度为 10^{-5}，打印输出方程的解及迭代次数。

```
#include <stdio.h>
#include <stdbool.h>
#include <math.h>

#define MAXIT 100                 // 最大迭代次数
#define EPS1 1e-5                 // 收敛容差
#define EPS2 1e-10                // 判断斜率是否为零
bool mySingleSecant(double a, double b, double e1, double e2, int max);     // 单点弦截法
double f(double x);

bool mySingleSecant(double a, double b, double e1, double e2, int max)
{
    int i = 0;                                                             // 记录迭代次数
    double x0 = b, y0 = f(x0), x = a, y, k;
    for (i = 0; i < max; i++)
    {
        y = f(x);
        k = (f(x) - f(x0)) / (x - x0);
        if (fabs(k) < e2)
            return false;
        k = y / k;
        x -= k;
        if (fabs(f(x)) < e1)
        {                                                                  // 收敛
            printf("迭代 %d 次之后,方程的根为 %.6f\n", i, x);              // 输出
            return true;
        }
    }
    printf("达到最大迭代次数\n");
    return false;
}

double f(double x)
{
    return x * x * x - 5 * x + 1.;  // f(x) = x^3 - 5x + 1;
}
```

单点弦截法的特点如下：

利用弦线斜率（平均变化率）近似地取代牛顿迭代公式中的导数，简化了计算。

2.2.6 小　结

下面对于不同迭代方法求解方程 $f(x)=x^3-5x+1=0$ 进行了总结。程序运行结果如

表 2-1 所列，收敛精度均为 $\varepsilon=10^{-5}$。

表 2-1　迭代法解非线性方程运行结果对比

序　号	算法名称	初值 x^0	区　间	迭代次数 k	x^k
1	二分法	—	[0, 1]	18	0.201 641 1
2	定点法	1	—	3	0.201 639 7
3	牛顿法	0.5	—	4	0.201 639 7
4		1.28	—	—	—
5	牛顿下山法	0.5	—	3	0.201 639 7
6		1.28	—	3	0.201 639 5
7	单点弦截法	—	[0, 1]	10	0.201 638 7

通过对比分析，得出如下结论：

① 在相同精度要求下，二分法的迭代次数明显比其他方法多；但通过调试可以发现，二分法在算法开始阶段对缩短区间有显著效果。

② 当选取初值 $x_0=1.28$ 时，用牛顿法计算的 $x_1=x_0-\dfrac{f(x_0)}{f'(x_0)}$ 的误差比 x_0 更大，算法不收敛。但改用牛顿下山法则收敛，说明引入下山因子可以提高并改善牛顿法的收敛性，降低对初值选取的要求。

2.3　课后习题

一、填空题

1. 为使用自定义函数，需要创建与之相关的三个元素分别是：① ________、② ________、③ ________。

2. 函数定义包括 ________ 和 ________。

3. 函数头由 ________ 、________ 、________ 三部分组成。

4. 函数声明位于 ________ 之前，其________ 、________ 、参数列表中的 ________ 与函数定义中的函数头一致。

5. 调用函数时，实参列表的 ________ 与函数定义和声明中的形参列表保持一致。

6. 二分法要求函数在区间$[a,b]$上________，且在区间端点处函数值满足________。

7. 对方程 $x=\varphi(x)$，定点法迭代序列为 ________，若用________ 替代 x_k，可能得到更高的精度，该方法称为带________的定点法。

8. 对方程 $f(x)=0$，牛顿迭代公式为________。牛顿法收敛速度快，在靠近真实解时，具有________。

9. 由于牛顿法对________ 选择的要求较高，可引入________ 以减小 x 的变化量，将牛顿迭代公式修改为________，提高了迭代公式的收敛性，此方法称为 ________。

10. ________ 采用 ________ 近似地替代牛顿迭代公式中的导函数，简化了计算。

二、改错题

1. 用二分法求解方程 $f(x)=x^3-3x-1=0$ 在区间[1,2]上的根。试找出程序中存在的错误。

```
#include <stdio.h>

// 函数 f(x) = x^3 - 3x - 1 以宏定义的方式给出
#define f(x) x * x * x - 3 * x - 1

int mBisection(double a, double b, double& x)
{
    if (f(a) * f(b) >= 0)
    {
        return 0;
    }
    while (f(x) != 0)
    {
        x = (a + b) / 2;
        if (f(a) * f(x) > 0)
            b = x;
        else
            a = x;
    }
    x = (a + b) / 2;
    return 1;
}
```

三、简答题

1. 试描述定点法的收敛条件。

2. 输入函数 $x=\varphi(x)$，给定区间$[a,b]$以及收敛容差 ε，绘制出使用定点法求解的流程图。

3. 试描述牛顿迭代法的收敛条件。

四、编程题

1. 构造迭代公式，用牛顿法计算$\frac{1}{a}$的近似值。

2. 选择合适的方法求解如下函数的零点，试说明此时牛顿法不收敛的原因。

$$f(x)=\operatorname{sign}(x-a)\sqrt{x-a}$$

式中，$\operatorname{sign} x$ 为符号函数。

3. 用C语言编程实现二分法，自定合理的收敛条件，在区间[0,1]上求解方程 $f(x)=e^x-2=0$，要求至少迭代 10 次。

4. 给定区间$[a,b]$以及收敛容差 ε，用 C 语言编程实现埃特金加速算法求解方程 $x=\varphi(x)$并输出迭代次数及方程的根。

5. 用C语言编程实现一个求解一元二次方程的算法，要求用修正的求根公式得到根之后，用牛顿迭代法提高解的精度。

2.4 上机任务

1. 求解方程 $x^3-3x-1=0$ 在区间[0,2]上的根，给定收敛容差为 10^{-16}，取 $x_0=1$，分析初值选择的不合理之处。试用二分法在区间[0,2]上重新寻找初值，使初值的误差不超过0.01，再用牛顿法进一步提高解的精度，最后打印输出迭代次数及方程的根。

2. 用单点弦截法完成上机任务 1。

3. 用C语言编程实现牛顿下山法，求解方程 $x^3-5x-1=0$ 在区间[1,3]上的根。若取 $x_0=1.3$，试比较牛顿法与牛顿下山法的收敛速度，并说明原因。

4. 任意输入 a，给定收敛容差为 10^{-16}，试构造牛顿迭代公式 $x_{k+1}=x_k-\dfrac{f(x_k)}{f'(x_k)}$，计算 $\dfrac{1}{\sqrt{a}}$ 的近似值。

第3章 线性方程组的直接解法

【实践任务】

① 复习C语言中一维、二维数组的用法，包括数组的声明、初始化、引用以及数组作为函数参数的形式。

② 掌握线性方程组的直接解法，包括高斯消元法、列主元素法、追赶法。

③ 掌握向量范数、矩阵范数和条件数。

④ 掌握用条件数对线性方程组进行性态分析及误差估计的方法。

⑤ 掌握用C语言编程实现线性方程组直接解法并解决实际问题。

3.1 数 组

3.1.1 概 述

数组是一种大小固定、内部元素类型相同的顺序存储结构。在计算机内部，一个数据占用一片地址连续的存储空间。数组名可视为一个指针，指向这片存储空间的首地址，即数组第一个元素的起始位置。本章将介绍一维数组、二维数组的声明、初始化和引用，有关多维数组的使用，请读者自行参阅其他资料。

3.1.2 一维数组

一维数组是最简单的数组，通常用来表示一个数据列表。与普通的变量一样，C语言中的数组也要在使用之前进行声明。下面给出一维数组的一个应用实例。

【例3-1】 现有一个整型数据集{25, 10, 33, 17, 19}，用C语言将它们存储在一个名为a的一维数组中，并求它们的平均值。下面的程序存在一处错误，请指出。

```
void main()
{
    int a[5] = { 25, 10, 33, 17, 19 };          // 数组声明及初始化
    int i = 0;
    double aver = 0;                             // 平均值
    for (i = 1; i < = 5; i++)
    {
        aver += a[i];                            // 求和
    }
    aver / = 5.;                                 // 求平均(注意 int→double 的类型转换)
    printf("平均数为：%.2f\n", aver);
}
```

注：在 C 语言中，数组下标的索引是从 0 开始的。

计算机将为 a 分配如下的 5 个存储空间：

25	a[0]
10	a[1]
33	a[2]
17	a[3]
19	a[4]

上述程序在求和时，对 a[5]的访问是非法的，读者在自行编写程序时应予以特别注意。

在对数组赋初值时，可以采用多种不同的形式：

① 统一赋值。这种方法适用于小规模数据集。如本例中，将数据依次列在“{}”中，用“，”隔开，但这必须和数组声明同时进行。下面是一个错误示例：

```
int a[5];  // 数组声明
a[5] = { 25, 10, 33, 17, 19 };  // 错误。a[5]是一个超出数组边界的非法引用
```

② 逐个元素赋值。这种方法适用于小规模数据集或存在明显规律的数据集。如本例可改写为

```
int a[5];   // 数组声明
a[0] = 25; a[1] = 10; a[2] = 33; a[3] = 17; a[4] = 19;   // 数组赋初值
```

③ 通过文件读取。当数据量较大时，可以从文件中读取数据。但文件读取较为繁琐，本章的问题规模也相对较小，不必使用这种方式。这种方式将在后续章节中进行介绍。

3.1.3　二维数组

在实际问题中，数据集往往不是以列表这种简单的形式出现的，仅仅使用一维数组表示并不能很好地体现数据间的全部关系。比如本章要解决的线性方程组求解问题，其系数集合是一个矩阵，适合采用一个二维数组来存储。

【例 3-2】　用 C 语言编程，求解非齐次线性方程组

$$\begin{cases} x_1 + x_2 + 5x_3 = 0 \\ 2x_1 + 3x_2 + 4x_3 = 2 \\ -2x_1 + x_2 + 2x_3 = 4 \end{cases}$$

参考下面的程序：

```
#include < stdbool.h >
#include < stdio.h >

// 函数声明，b 和 x 都表示一维数组，注意二者的区别
bool mySolveEqus(double a[3][3], double b[3], double * x);

void main()
{
```

```
    double a[3][3] = { {1, 1, 1}, {2, 3, 4}, {-2, 1, 2} };  // 系数矩阵
    double b[3] = {0, 2, 4}, x[3];                          // 方程的解
    mySolveEqus(a, b, x);                                   // 函数调用,求解线性方程组
}

bool mySolveEqus(double a[3][3], double b[3], double* x)    // 函数定义
{
    // 解方程组函数实现
}
```

3.1.4 数组传参

例 3-2 中的程序给出了一维、二维数组作为函数参数时，形参和实参的形式：

① 函数声明及函数头中所列参数列表，可以将其视为对这些变量(形参)的声明，其形式可以和变量声明的形式相一致。需要注意的是，若希望在函数运行结束后，将值传回实参，则应采用指针(若为 C++代码，则可使用引用)的形式对数组进行声明，参考本例函数 mySolveEqus 中的参数 3。

② 在函数调用的参数(实参)列表中，对数组变量只需提供其首地址，而数组名恰好可作为指向首地址的指针。因此，在实参列表中，对数组的引用可直接用其数组名。

3.1.5 数组的特点

数组的特点如下：

① 一个数组中的所有元素都属于同一类型；

② 可通过下标直接访问指定位置的数组元素；

③ 数组可将数据间的逻辑关系转换为位置关系；

④ 数组为静态结构，其声明中“[]”内为常量表达式，即数组的大小在编译时就已经确定了。

使用数组时，需要估算问题规模，给数组预分配适当的空间，避免超出数组边界。但若预分配的空间过大，将造成存储空间的浪费。因此，数组适用于数据集的大小不变或变化不大的问题中；而当数据集的大小显著变化时，则应当使用动态数组。动态数组的定义和使用将在下一章进行详细介绍。

3.2 线性方程组

常用的线性方程组的直接解法有：高斯消元法、列主元素法、追赶法等。

3.2.1 高斯消元法

高斯消元法求解线性方程组的基本思路可分为消元和回代两个过程：首先利用初等行变换，将方程组的系数矩阵化为三角形矩阵；然后再回代得到方程组的解。

下面给出高斯消元法的算法描述：

```
Input:方程阶数 n,系数矩阵 A[n][n],常数项 b[n],e>0
Output:方程的根 x
Begin
    // (1)消元
    For k←0 to n - 2, do
        For i←k + 1 to n - 1, do
            t←A[i][k]/A[k][k]
            For j←0 to n - 1, do
                A[i][j]←A[i][j] - t * A[k][j]
            End For
            b[i]←b[i] - t * b[k]
        End For
    End For
    If |a_nn|<e, then
        Return Error
    End If
    // (2)回代
    X[n - 1]←b[n - 1]/A[n - 1][n - 1]
    For k←n - 2 to 0, do
        t←b[k]
        For j←k + 1 to n - 1, do
            t←t - A[k][j] * X[j]
        End For
        X[k]←t/A[k][k]
    End For
End
```

3.2.2 列主元素法

【例 3-3】 求解

$$\begin{cases} -10^{-16}x_1 + x_2 = 1 & ① \\ x_1 + x_2 = 2 & ② \end{cases}$$

若系数矩阵某一列中元素的绝对值差异很大,使用高斯消元法可能会导致误差被放大。例 3-1 中的方程组可用下面两种思路消元:

(1) ①×10^{16}+②

(2) ②×10^{-16}+①

若方程中的系数均为固定位数的有效数字,显然(1)会将误差放大,导致方程失去精度。由此引出列主元素法:在高斯消元法的过程中,每一次消元之前都寻找当前列系数的绝对值最大者作为主元素,并通过交换行,使主元素位于对角线上,其余过程同高斯消元法。

$$\left[\begin{array}{cc|c} -10^{-16} & 1 & 1 \\ 1 & 1 & 2 \end{array}\right] \rightarrow \left[\begin{array}{cc|c} 1 & 1 & 2 \\ -10^{-16} & 1 & 1 \end{array}\right] \rightarrow \left[\begin{array}{cc|c} 1 & 1 & 2 \\ 0 & 1+10^{-16} & 1+2\times10^{-16} \end{array}\right]$$

3.2.3 追赶法

追赶法实质上是简化的高斯消元法。在实际工程问题中，常遇到如下形式的线性方程组：

$$\begin{bmatrix} b_1 & c_1 & & & \\ a_2 & b_2 & c_2 & & \\ & \ddots & \ddots & \ddots & \\ & & a_{n-1} & b_{n-1} & c_{n-1} \\ & & & a_n & b_n \end{bmatrix} \begin{bmatrix} x_1 \\ x_2 \\ \vdots \\ x_{n-1} \\ x_n \end{bmatrix} = \begin{bmatrix} d_1 \\ d_2 \\ \vdots \\ d_{n-1} \\ d_n \end{bmatrix}$$

追赶法将上述方程组化为下面的形式，进一步回代即可得到线性方程组的解。

$$\begin{bmatrix} 1 & r_1 & & & \\ & 1 & r_2 & & \\ & & \ddots & \ddots & \\ & & & 1 & r_{n-1} \\ & & & & 1 \end{bmatrix} \begin{bmatrix} x_1 \\ x_2 \\ \vdots \\ x_{n-1} \\ x_n \end{bmatrix} = \begin{bmatrix} y_1 \\ y_2 \\ \vdots \\ y_{n-1} \\ y_n \end{bmatrix}$$

3.3 向量的范数

对于函数值的误差，往往用近似值与精确值的差来度量近似值的精度。类似地，对于线性方程组的近似解向量，也可以用近似解向量与精确解向量差的“大小”来度量其精度。为此引入一种从向量到实数的映射关系——向量的范数。

向量的范数是对向量的一种度量，是广义的“长度”或“模”。

定义 3.1（向量的范数） 设向量 $\boldsymbol{X}\in\mathbf{R}^n$，$f(\boldsymbol{X})=\|\boldsymbol{X}\|$ 为定义在 $\mathbf{R}^n$ 上的实函数，若 $\|\boldsymbol{X}\|$ 具有如下性质：

(1) 非负性：$\forall\boldsymbol{X}\in\mathbf{R}^n$，$\|\boldsymbol{X}\|\geqslant 0$，当且仅当 $\boldsymbol{X}=\mathbf{0}$，$\|\boldsymbol{X}\|=0$；

(2) 齐次性：$\forall a\in\mathbf{R}$，$\forall\boldsymbol{X}\in\mathbf{R}^n$，$\|a\boldsymbol{X}\|=|a|\cdot\|\boldsymbol{X}\|$；

(3) 三角不等式：$\forall\boldsymbol{X},\boldsymbol{Y}\in\mathbf{R}^n$，恒有 $\|\boldsymbol{X}+\boldsymbol{Y}\|\leqslant\|\boldsymbol{X}\|+\|\boldsymbol{Y}\|$，则称实函数 $f(\boldsymbol{X})=\|\boldsymbol{X}\|$ 为向量 $\boldsymbol{X}$ 的范数。

【例 3-4】 设 $\boldsymbol{A}$ 为任一 n 阶对称正定矩阵，试证明：$f(\boldsymbol{X})=\|\boldsymbol{X}\|_A=(\boldsymbol{X}^{\mathrm{T}}\boldsymbol{A}\boldsymbol{X})^{\frac{1}{2}}$ 是一种范数。

证明：

(1) 由于 $\boldsymbol{A}$ 对称正定，故当 $\boldsymbol{X}=\mathbf{0}$ 时，$(\boldsymbol{X}^{\mathrm{T}}\boldsymbol{A}\boldsymbol{X})^{\frac{1}{2}}=0$；当 $\boldsymbol{X}\neq\mathbf{0}$ 时，$(\boldsymbol{X}^{\mathrm{T}}\boldsymbol{A}\boldsymbol{X})^{\frac{1}{2}}>0$。

(2) $\forall a\in\mathbf{R}$，有

$$\|a\boldsymbol{X}\|_A=[(a\boldsymbol{X})^{\mathrm{T}}\boldsymbol{A}(a\boldsymbol{X})]^{\frac{1}{2}}=|a|\cdot(\boldsymbol{X}^{\mathrm{T}}\boldsymbol{A}\boldsymbol{X})^{\frac{1}{2}}=|a|\cdot\|\boldsymbol{X}\|_A$$

(3) $\boldsymbol{A}$ 正定，故存在可逆矩阵 $\boldsymbol{B}$，使得 $\boldsymbol{A}=\boldsymbol{B}\boldsymbol{B}^{\mathrm{T}}$，则

$$\|\boldsymbol{X}\|_A=(\boldsymbol{X}^{\mathrm{T}}\boldsymbol{A}\boldsymbol{X})^{\frac{1}{2}}=(\boldsymbol{X}^{\mathrm{T}}\boldsymbol{B}\boldsymbol{B}^{\mathrm{T}}X)^{\frac{1}{2}}=[(\boldsymbol{B}^{\mathrm{T}}\boldsymbol{X})^{\mathrm{T}}(\boldsymbol{B}^{\mathrm{T}}\boldsymbol{X})]^{\frac{1}{2}}=\|\boldsymbol{B}^{\mathrm{T}}\boldsymbol{X}\|_2$$

$\forall\boldsymbol{X},\boldsymbol{Y}\in\mathbf{R}^n$，恒有

$$\|X+Y\|_A=\|B^{\mathrm{T}}(X+Y)\|_2=\|B^{\mathrm{T}}X+B^{\mathrm{T}}Y\|_2$$
$$\leqslant\|B^{\mathrm{T}}X\|_2+\|B^{\mathrm{T}}Y\|_2=\|X\|_A+\|Y\|_A$$

综上所述，$f(X)=\|X\|_A=(X^{\mathrm{T}}AX)^{\frac{1}{2}}$是一种范数。

下面给出四种常用的范数：

(1) "1"范数：$\|X\|_1=|x_1|+|x_2|+\cdots+|x_n|$；

(2) "2"范数：$\|X\|_2=\sqrt{X^{\mathrm{T}}X}=\sqrt{x_1^2+x_2^2+\cdots+x_n^2}$；

(3) "p"范数：$\|X\|_p=\left(\sum_{i=1}^{n}|x_i|^p\right)^{\frac{1}{p}}$；

(4) "∞"范数：$\|X\|_\infty=\max_{1\leqslant i\leqslant n}|x_i|$。

定理 3.1(向量范数的等价性)　n 维实向量 X 的一切范数都是等价的，即 $\forall X\in\mathbf{R}^n$。对 X 的任意两个范数 $\|X\|_\alpha$、$\|X\|_\beta$，总存在正数 M 和 $m(m<M)$，使不等式 $m\|X\|_1\leqslant\|X\|\leqslant M\|X\|_1$ 成立。

引理 3.1　n 维实向量 X 的任一范数 $\|X\|$ 都与 $\|X\|_1$ 等价，即 $\forall X\in\mathbf{R}^n$，总存在正数 M 和 m，使不等式 $m\|X\|_1\leqslant\|X\|\leqslant M\|X\|_1$ 成立。

引理 3.2　定义在 $\mathbf{R}^n$ 上的范数 $\|X\|$ 是连续函数。

证明：$\forall X_0\in\mathbf{R}^n$，要证 $\|X\|$ 是连续函数，只需证 $\|X\|$ 在 X_0 处连续。

$\forall\varepsilon>0$，取 $e_1,e_2,\cdots,e_n$ 是 $\mathbf{R}^n$ 的一组基，且 $M=\sum_{i=1}^{n}\|e_i\|$，令 $d=\varepsilon/M$，则对以 X_0 为中心、d 为半径的球内任意一点 X，都有

$$\Big|\|X\|-\|X_0\|\Big|\leqslant\|X-X_0\|=\Big\|\sum_{i=1}^{n}\Delta x_ie_i\Big\|\leqslant\sum_{i=1}^{n}\big|\Delta x_i\big|\cdot\|e_i\|\leqslant d\cdot M\leqslant\varepsilon$$

式中，Δx_i 是向量 $X-X_0$ 的分量，由此证得范数的连续性。

3.4　矩阵的范数

定义 3.2(矩阵的范数)　设矩阵 $A\in\mathbf{R}^{n\times n}$，$f(A)=\|A\|$ 为定义在 $\mathbf{R}^{n\times n}$ 上的实函数，若 $\|A\|$ 具有如下性质：

(1) 非负性：$\forall A\in\mathbf{R}^{n\times n}$，$\|A\|\geqslant0$，当且仅当 $A=O$，$\|A\|=0$；

(2) 齐次性：$\forall k\in\mathbf{R}$，$\forall A\in\mathbf{R}^{n\times n}$，$\|kA\|=|k|\cdot\|A\|$；

(3) 三角不等式：$\forall A,B\in\mathbf{R}^{n\times n}$，恒有 $\|A+B\|\leqslant\|A\|+\|B\|$；

(4) 矩阵乘法不等式：$\forall A,B\in\mathbf{R}^{n\times n}$，恒有 $\|A\cdot B\|\leqslant\|A\|\cdot\|B\|$，则称实函数 $f(A)=\|A\|$ 为矩阵 A 的范数。

【例 3-5】　设 $A=(a_{ij})_{n\times n}$，证明 $f(A)=\|A\|=\sum_{i=1}^{n}\sum_{j=1}^{n}|a_{ij}|$ 是一种矩阵范数。

证明：

(1) 显然，$A=O$ 时，$\|A\|=\sum_{i=1}^{n}\sum_{j=1}^{n}|a_{ij}|=0$；

$A\neq O$ 时，$\|A\|=\sum_{i=1}^{n}\sum_{j=1}^{n}|a_{ij}|>0$。

(2) $\forall k \in \mathbf{R}$,有

$$\| k\boldsymbol{A} \| = \sum_{i=1}^{n} \sum_{j=1}^{n} | k a_{ij} | = | k | \cdot \sum_{i=1}^{n} \sum_{j=1}^{n} | a_{ij} | = | k | \cdot \| \boldsymbol{A} \|$$

(3) $\forall \boldsymbol{A}, \boldsymbol{B} \in \mathbf{R}^{n \times n}$,则

$$\begin{aligned} \| \boldsymbol{A} + \boldsymbol{B} \| &= \sum_{i=1}^{n} \sum_{j=1}^{n} | a_{ij} + b_{ij} | \\ &\leqslant \sum_{i=1}^{n} \sum_{j=1}^{n} | a_{ij} | + \sum_{i=1}^{n} \sum_{j=1}^{n} | b_{ij} | = \| \boldsymbol{A} \| + \| \boldsymbol{B} \| \end{aligned}$$

(4) $\forall \boldsymbol{A}, \boldsymbol{B} \in \mathbf{R}^{n \times n}$,则

$$\begin{aligned} \| A \cdot B \| &= \sum_{i=1}^{n} \sum_{j=1}^{n} \left| \sum_{k=1}^{n} a_{ik} b_{kj} \right| \leqslant \sum_{i=1}^{n} \sum_{j=1}^{n} \sum_{k=1}^{n} | a_{ik} b_{kj} | \\ &\leqslant \left(\sum_{i=1}^{n} \sum_{k=1}^{n} | a_{ik} | \right) \left(\sum_{k=1}^{n} \sum_{j=1}^{n} | b_{kj} | \right) = \| \boldsymbol{A} \| \cdot \| \boldsymbol{B} \| \end{aligned}$$

综上所述,$f(\boldsymbol{A}) = \| \boldsymbol{A} \| = \sum_{i=1}^{n} \sum_{j=1}^{n} | a_{ij} |$ 是一种矩阵范数。

定义 3.3(算子范数) 给定一种向量范数 $\| \boldsymbol{X} \|_p$ $(p=1,2,\infty)$,相应地定义了一个非负实函数 $f(\boldsymbol{A}) = \| \boldsymbol{A} \|_p$,若满足

$$\| \boldsymbol{X} \|_p = \max_{\boldsymbol{X} \neq \boldsymbol{0}} \frac{\| \boldsymbol{A}\boldsymbol{X} \|_p}{\| \boldsymbol{X} \|_p} = \max_{\| \boldsymbol{X} \|_p = 1} \| \boldsymbol{A} \|_p$$

则称 $\| \boldsymbol{A} \|_p$ 为向量范数 $\| \boldsymbol{X} \|_p$ 诱导的矩阵范数,也称 $\| \boldsymbol{A} \|_p$ 为算子范数。

定理 3.2 设 $\boldsymbol{X} \in \mathbf{R}^n, \boldsymbol{A} \in \mathbf{R}^{n \times n}$,则算子范数:

(1) $\| \boldsymbol{A} \|_\infty = \max\limits_{1 \leqslant i \leqslant n} \sum_{j=1}^{n} | a_{ij} |$ 称为矩阵 $\boldsymbol{A}$ 的行范数(最大行和);

(2) $\| \boldsymbol{A} \|_1 = \max\limits_{1 \leqslant j \leqslant n} \sum_{i=1}^{n} | a_{ij} |$ 称为矩阵 $\boldsymbol{A}$ 的列范数(最大列和);

(3) $\| \boldsymbol{A} \|_2 = \sqrt{\lambda_{\max}}$ 称为矩阵 $\boldsymbol{A}$ 的欧几里得范数。

式中,$\lambda_{\max}$ 为矩阵 $\boldsymbol{A}^{\mathrm{T}}\boldsymbol{A}$ 的最大特征值。

【例 3-6】 计算矩阵 $\boldsymbol{A} = \begin{bmatrix} 2 & -1 \\ 2 & 4 \end{bmatrix}$ 的三种范数 $\| \boldsymbol{A} \|_\infty$、$\| \boldsymbol{A} \|_1$ 和 $\| \boldsymbol{A} \|_2$。

解:

$$\| \boldsymbol{A} \|_\infty = \max_{1 \leqslant i \leqslant n} \sum_{j=1}^{n} | a_{ij} | = \max\{3, 6\} = 6$$

$$\| \boldsymbol{A} \|_1 = \max_{1 \leqslant j \leqslant n} \sum_{i=1}^{n} | a_{ij} | = \max\{4, 5\} = 5$$

$\boldsymbol{A}^{\mathrm{T}}\boldsymbol{A} = \begin{bmatrix} 8 & 6 \\ 6 & 17 \end{bmatrix}$ 有特征值 $\lambda_1 = 20, \lambda_2 = 5$,则

$$\| \boldsymbol{A} \|_2 = \sqrt{\lambda_{\max}} = \sqrt{20} = 2\sqrt{5}$$

定义 3.4 对于 $\boldsymbol{X} \in \mathbf{R}^n, \boldsymbol{A} \in \mathbf{R}^{n \times n}$,若有 $\| \boldsymbol{A}\boldsymbol{X} \| \leqslant \| \boldsymbol{A} \| \cdot \| \boldsymbol{X} \|$,则称矩阵范数 $\| \boldsymbol{A} \|$ 与向量范数 $\| \boldsymbol{X} \|$ 是相容的。

引理 3.3 设 $\boldsymbol{A}$ 为 n 阶方阵,则

(1) 与 $\|X\|_\infty$ 相容的矩阵范数是 $\|A\|_\infty=\max\limits_{1\leqslant i\leqslant n}\sum\limits_{j=1}^{n}|a_{ij}|$；

(2) 与 $\|X\|_1$ 相容的矩阵范数是 $\|A\|_1=\max\limits_{1\leqslant j\leqslant n}\sum\limits_{i=1}^{n}|a_{ij}|$。

3.5　线性方程组性态分析

设线性方程组

$$\boldsymbol{Ax}=\boldsymbol{b} \tag{3.1}$$

在实际问题中,线性方程组(3.1)的系数矩阵 $\boldsymbol{A}$ 和 $\boldsymbol{b}$ 往往都存在一定的误差,这些误差会对线性方程组的解产生何种影响呢?下面将对这些影响进行分析。

记 $\boldsymbol{A}$ 的误差为 $\Delta\boldsymbol{A}$,$\boldsymbol{b}$ 的误差为 $\Delta\boldsymbol{b}$,解向量 $\boldsymbol{x}$ 的误差为 $\Delta\boldsymbol{x}$,并假设 $\boldsymbol{A}$ 与 $\boldsymbol{A}+\Delta\boldsymbol{A}$ 始终可逆,则

$$(\boldsymbol{A}+\Delta\boldsymbol{A})(\boldsymbol{x}+\Delta\boldsymbol{x})=\boldsymbol{b}+\Delta\boldsymbol{b} \tag{3.2}$$

为便于讨论,可将上述方程组分为以下两种情况讨论:

(1) 讨论 $\boldsymbol{b}$ 的误差的影响:设 $\Delta\boldsymbol{A}=\boldsymbol{O}$,$\Delta\boldsymbol{b}\neq\boldsymbol{0}$,$\boldsymbol{b}\neq\boldsymbol{0}$,则

$$\boldsymbol{A}(\boldsymbol{x}+\Delta\boldsymbol{x})=\boldsymbol{b}+\Delta\boldsymbol{b} \tag{3.3}$$

由式(3.1)、式(3.2),得

$$\Delta\boldsymbol{x}=\boldsymbol{A}^{-1}\Delta\boldsymbol{b} \tag{3.4}$$

则

$$\|\Delta\boldsymbol{x}\|\leqslant\|\boldsymbol{A}^{-1}\|\cdot\|\Delta\boldsymbol{b}\|$$

再由 $\boldsymbol{Ax}=\boldsymbol{b}$,得

$$\|\boldsymbol{b}\|\leqslant\|\boldsymbol{A}\|\cdot\|\boldsymbol{x}\|$$

进一步有

$$\|\Delta\boldsymbol{x}\|\cdot\|\boldsymbol{b}\|\leqslant\|\boldsymbol{A}\|\cdot\|\boldsymbol{A}^{-1}\|\cdot\|\boldsymbol{x}\|\cdot\|\Delta\boldsymbol{b}\|$$

由 $\boldsymbol{b}\neq\boldsymbol{0}$,$\boldsymbol{x}\neq\boldsymbol{0}$,得

$$\frac{\|\Delta\boldsymbol{x}\|}{\|\boldsymbol{x}\|}\leqslant\|\boldsymbol{A}\|\cdot\|\boldsymbol{A}^{-1}\|\cdot\frac{\|\Delta\boldsymbol{b}\|}{\|\boldsymbol{b}\|} \tag{3.5}$$

即 $\boldsymbol{x}$ 的相对误差不超过 $\boldsymbol{b}$ 的相对误差的 $\|\boldsymbol{A}\|\cdot\|\boldsymbol{A}^{-1}\|$ 倍。

(2) 讨论 $\boldsymbol{A}$ 的误差的影响:设 $\Delta\boldsymbol{A}\neq\boldsymbol{0}$,$\Delta\boldsymbol{b}=\boldsymbol{0}$,$\boldsymbol{A}\neq\boldsymbol{0}$,则

$$(\boldsymbol{A}+\Delta\boldsymbol{A})(\boldsymbol{x}+\Delta\boldsymbol{x})=\boldsymbol{b} \tag{3.6}$$

由式(3.1)、式(3.6),得

$$\boldsymbol{A}\Delta\boldsymbol{x}+\Delta\boldsymbol{A}(\boldsymbol{x}+\Delta\boldsymbol{x})=\boldsymbol{0} \tag{3.7}$$

则

$$\Delta\boldsymbol{x}=-\boldsymbol{A}^{-1}\Delta\boldsymbol{A}(\boldsymbol{x}+\Delta\boldsymbol{x})$$

由范数的定义,得

$$\|\Delta\boldsymbol{x}\|\leqslant\|\boldsymbol{A}^{-1}\|\cdot\|\Delta\boldsymbol{A}\|\cdot\|\boldsymbol{x}+\Delta\boldsymbol{x}\|$$

进一步有

$$\frac{\|\Delta\boldsymbol{x}\|}{\|\boldsymbol{x}+\Delta\boldsymbol{x}\|}\leqslant\|\boldsymbol{A}\|\cdot\|\boldsymbol{A}^{-1}\|\cdot\frac{\|\Delta\boldsymbol{A}\|}{\|\boldsymbol{A}\|} \tag{3.8}$$

即 $\boldsymbol{x}+\Delta\boldsymbol{x}$ 的相对误差不超过 $\boldsymbol{A}$ 的相对误差的 $\|\boldsymbol{A}\|\cdot\|\boldsymbol{A}^{-1}\|$ 倍。

由式(3.5)和式(3.8)可知，当线性方程组 $\boldsymbol{Ax}=\boldsymbol{b}$ 的系数矩阵 $\boldsymbol{A}$ 和 $\boldsymbol{b}$ 存在误差时，数值 $\|\boldsymbol{A}\|\cdot\|\boldsymbol{A}^{-1}\|$ 标志着方程组解 $\boldsymbol{x}$ 的敏感程度。解 $\boldsymbol{x}$ 的相对误差可能随 $\|\boldsymbol{A}\|\cdot\|\boldsymbol{A}^{-1}\|$ 的增大而增大，因此系数矩阵 $\boldsymbol{A}$ 刻画了线性方程组 $\boldsymbol{Ax}=\boldsymbol{b}$ 的性态。

定义 3.5　设 $\boldsymbol{A}$ 为 n 阶可逆矩阵，称 $\|\boldsymbol{A}\|\cdot\|\boldsymbol{A}^{-1}\|$ 为矩阵 $\boldsymbol{A}$ 的条件数，记为 $\mathrm{cond}(\boldsymbol{A})$。

条件数具有如下性质：

(1) $\mathrm{cond}(\boldsymbol{A})\geqslant 1$；

(2) $\mathrm{cond}(k\boldsymbol{A})=\mathrm{cond}(\boldsymbol{A})$，$k$ 为非零常数；

(3) 若 $\|\boldsymbol{A}\|=1$，则 $\mathrm{cond}(\boldsymbol{A})=\|\boldsymbol{A}^{-1}\|$。

当 $\mathrm{cond}(\boldsymbol{A})$ 很大时，称方程组 $\boldsymbol{Ax}=\boldsymbol{b}$ 是病态的，此时称 $\boldsymbol{A}$ 为病态矩阵；否则称方程组是良态的，相应的 $\boldsymbol{A}$ 为良态矩阵。若方程组为病态的，则原始数据的误差及求解过程中的舍入误差将会对解产生严重的影响。

【例 3-7】　$\boldsymbol{A}=\begin{bmatrix}1 & 2\\ 2 & 4.000\,01\end{bmatrix}$，$\boldsymbol{b}=\begin{bmatrix}4\\ 8.000\,01\end{bmatrix}$。

(1) 解方程组 $\boldsymbol{Ax}=\boldsymbol{b}$；

(2) 若系数矩阵 $\boldsymbol{A}$ 和 $\boldsymbol{b}$ 存在微小误差，系数矩阵变为

$$\tilde{\boldsymbol{A}}=\begin{bmatrix}1 & 2\\ 2 & 3.999\,98\end{bmatrix},\quad \tilde{\boldsymbol{b}}=\begin{bmatrix}4\\ 8.000\,02\end{bmatrix}$$

解方程组 $\tilde{\boldsymbol{A}}x=\tilde{\boldsymbol{b}}$。

(3) 分析方程组 $\boldsymbol{Ax}=\boldsymbol{b}$ 是否病态。

解：

(1) $\boldsymbol{Ax}=\boldsymbol{b}$ 的精确解为 $\boldsymbol{x}^*=\{2,1\}$。

(2) $\tilde{\boldsymbol{A}}\tilde{\boldsymbol{x}}=\tilde{\boldsymbol{b}}$ 的精确解为 $\tilde{\boldsymbol{x}}^*=\{6,-1\}$。

(3) 方法一：由(1)、(2)知，系数矩阵 $\boldsymbol{A}$ 和 $\boldsymbol{b}$ 的微小误差导致方程组的解变化很大，因此方程组 $\boldsymbol{Ax}=\boldsymbol{b}$ 是病态的。

方法二：$\boldsymbol{A}^{-1}=10^5\times\begin{bmatrix}4.000\,01 & -2\\ -2 & 1\end{bmatrix}$，

$\|\boldsymbol{A}^{-1}\|_\infty=600\,001$，$\|\boldsymbol{A}\|_\infty=5.000\,01$，$\mathrm{cond}_\infty(\boldsymbol{A})\approx 3\,000\,011$。

可见，解的相对误差可能放大约 3×10^6 倍，因此该方程组是病态的。

3.6　课后习题

一、填空题

1. 数组是一种________固定、内部元素________相同的________存储结构。
2. 在 C 语言中，数组下标是从________开始的。
3. 数组是一种静态结构，其大小在________时就已经确定了。
4. 常用的线性方程组的直接解法有________、________、________等。

5. 高斯消元法求解线性方程组的基本思路可分为________和________两个过程。消元过程就是将方程组的系数矩阵化为________矩阵。

二、改错题

1. 用 C 语言实现高斯消元法，并求解方程组

$$\begin{cases}2x_1 - x_2 + x_3 = 1 \\ 4x_1 + 2x_2 + 5x_3 = 4 \\ x_1 + 2x_2 = 7\end{cases}$$

试找出程序中存在的错误。

```
int a[3][3] = {{2, -1, 1},{4, 2, 5},{1, 2, 0}}, c[3][3]
int b[3] = {1, 4, 7}, d[3] = {0}, x[3] = {0};
for(k = 1; k < = 3; k+ +)
{
    for(i = k + 1; i < = 3; i++)
    {
        c[i][k] = a[i][k] / a[k][k];
        b[i] = b[i] - c[i][k] * b[k];
        for(j = k + 1; j < 3; j++)
            a[i][j] = a[i][j] - c[i][k] * a[k][j];
    }
}
for(i = 2; i > = 1; i--)
{
d[i] = d[i] + a[i][i + 1] * x[i + 1];
x[i] = (b[i] - d[i]) / a[i][i];
}
x[3] = b[3]/a[3][3];
```

三、简答题

1. 例 3-2 中，函数 mySolveEqus 的参数 2 和参数 3(b 和 x)都表示一维数组，试说明二者的区别。

2. 数组有什么特点？

3. 分析高斯消元法的时间复杂度。

4. 指出高斯消元法与列主元素法的异同。

5. 证明：

(1) $\|\boldsymbol{X}\|_1$ 与 $\|\boldsymbol{X}\|_\infty$ 等价；

(2) $\|\boldsymbol{X}\|_2$ 与 $\|\boldsymbol{X}\|_\infty$ 等价。

6. 线性方程组 $\boldsymbol{Ax}=\boldsymbol{b}$

$$\begin{bmatrix}1 & 0 & 1 \\ 2 & 2 & 1 \\ -1 & -1 & 1\end{bmatrix}\begin{bmatrix}x_1 \\ x_2 \\ x_3\end{bmatrix} = \begin{bmatrix}2 \\ 5 \\ -1\end{bmatrix}$$

的精确解为 $\boldsymbol{x}=(1,1,1)^{\mathrm{T}}$，若右端项存在微小误差 $\|\Delta \boldsymbol{b}\| = 10^{-5}$，估计由此引起的解的相对

误差。

7. 某三次曲线 $y=P(x)$ 经过如表 3-1 所列的四个点，试求三次多项式 $P(x)=a_3x^3+a_2x^2+a_1x+a_0$ 的系数。

表 3-1　三次曲线 $y=P(x)$ 上的四个点坐标

x_i	−1	0	1	2
y_i	7	1	3	−5

8. 求矩阵 $\boldsymbol{A}$ 的条件数 $\mathrm{cond}_\infty(\boldsymbol{A})$：

(1) $\begin{bmatrix}4.1 & 2.8\\ 9.7 & 6.6\end{bmatrix}$；(2) $\begin{bmatrix}1 & -1\\ -1 & 1.00001\end{bmatrix}$；(3) $\begin{bmatrix}10 & 7 & 8 & 7\\ 7 & 5 & 6 & 5\\ 8 & 6 & 10 & 9\\ 7 & 5 & 9 & 10\end{bmatrix}$。

9. 分析 5 阶、10 阶、15 阶 Hilbert 矩阵的“病态”程度。

四、编程题

1. 用 C 语言实现高斯消元法，并用 5、10、15 阶 Hilbert 矩阵 $\boldsymbol{H}_n$ 求解 $\boldsymbol{H}_n\boldsymbol{X}=[1,\cdots,1]^{\mathrm{T}}$，验证算法的有效性。Hilbert 矩阵定义如下：

$$\boldsymbol{H}_n=\begin{bmatrix}1 & \frac{1}{2} & \cdots & \frac{1}{n}\\ \frac{1}{2} & \frac{1}{3} & \cdots & \frac{1}{n+1}\\ \vdots & \vdots & & \vdots\\ \frac{1}{n} & \frac{1}{n+1} & \cdots & \frac{1}{2n-1}\end{bmatrix}$$

2. 改用列主元素法完成上一题的要求。

3. 用追赶法求解线性方程组 $\boldsymbol{Ax}=\boldsymbol{b}$，其中

$$\boldsymbol{A}=\begin{bmatrix}-1 & 1 & & & \\ 2 & -1 & 1 & & \\ & 2 & -1 & 1 & \\ & & 2 & -1 & 1\\ & & & 2 & -1\end{bmatrix},\quad \boldsymbol{b}=\begin{bmatrix}1\\1\\3\\5\\2\end{bmatrix}$$

4. 按照下式生成 $n\times n$ 的上三角矩阵 $\boldsymbol{A}$：

$$a_{ij}=\begin{cases}-1, & i<j\\ 1, & i=j\\ 0, & i>j\end{cases}$$

(1) 当 $n=2$、3、4、5 时，利用列主元素消去法求矩阵 $\boldsymbol{A}$ 的逆矩阵 $\boldsymbol{A}^{-1}$，并计算条件数 $\mathrm{cond}_1(\boldsymbol{A})$。

(2) 证明：矩阵 $\boldsymbol{A}$ 的条件数 $\mathrm{cond}_1(\boldsymbol{A})=n2^{n-1}$。

5. 现有如图 3-1 所示的纯电阻电路图，试结合电路相关知识，列出线性方程组，并用 C 语言编程实现列主元素消去法求解方程组，计算所有节点电压 v_1、v_2、v_3、v_4。

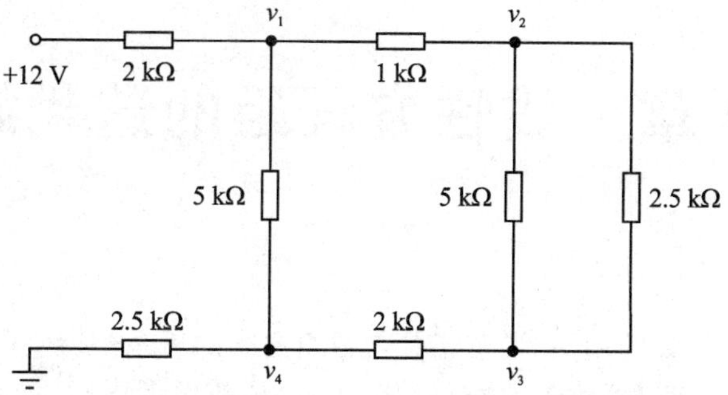

图 3-1　纯电阻电路图

3.7　上机任务

1. 用高斯消元法求解线性方程组：

$$\begin{cases} x_1 + x_2 + 2x_3 - x_4 = -8 \\ 2x_1 - 2x_2 + 3x_3 - 3x_4 = -20 \\ x_1 + x_2 + x_3 = -2 \\ x_1 - x_2 + 4x_3 + 3x_4 = 4 \end{cases}$$

2. 用列主元素法求解线性方程组 $\boldsymbol{Ax}=\boldsymbol{b}$，其中

$$\boldsymbol{A} = \begin{bmatrix} 1.003 & 0.333 & 1.504 & -0.333 \\ -2.011 & 1.455 & 0.506 & 2.956 \\ 4.329 & -1.952 & 0.006 & 2.087 \\ 5.113 & -4.004 & 3.332 & -1.112 \end{bmatrix}, \quad \boldsymbol{b} = \begin{bmatrix} 3.005 \\ 5.407 \\ 0.136 \\ 3.772 \end{bmatrix}$$

3. 编程实现用列主元素法求矩阵的逆及行列式的通用算法，并用下面的例子验证：

(1) $\boldsymbol{A} = \begin{bmatrix} 1 & 0 \\ 1 & 2 \end{bmatrix}$；　　(2) $\boldsymbol{A} = \begin{bmatrix} -5.23 & 1.98 & 0.45 & 1.09 \\ 2.33 & 9.45 & 1.62 & -0.31 \\ 0.67 & -2.20 & 8.77 & 4.83 \\ 0.21 & -2.44 & 1.67 & 6.09 \end{bmatrix}$；

(3) $\boldsymbol{A} = \begin{bmatrix} 1 & 2 & 3 \\ 2 & 3 & 4 \\ 4 & 5 & 6 \end{bmatrix}$。

第 4 章　线性方程组的迭代解法

【实践任务】

① 复习 C 语言中指针的用法，了解指针与数组之间的关系；

② 学习 C 语言中一维、二维动态数组的用法，包括数组的声明、初始化、引用以及数组作为函数参数的形式；

③ 掌握线性方程组的迭代解法，包括雅可比法、高斯-塞得尔法等；

④ 掌握用 C 语言编程实现线性方程组迭代解法并能解决实际问题；

⑤ 了解迭代法收敛的条件，掌握用生成随机数的方法构造矩阵，并满足雅可比迭代法对任意初值均收敛。

4.1 指　针

4.1.1 概　述

在 C 语言中，指针是由基本数据类型派生而来的一种数据类型，指针以内存地址为值，其本质是保存地址的变量。由于内存地址表示数据在计算机内存中保存的位置，因而可以通过指针访问计算机内存中的数据。

计算机中的内存由一系列存储单元构成，每个存储单元都有独一无二的“序号”，称为地址。一般情况下，地址从“0”开始依次编号。

现执行下面的语句：

```
int a = 9;
int *p;
p = &a;
```

这段程序首先声明了一个整型变量 a，其值为 9；其次，声明了一个指向整型变量的指针 p；最后，利用取地址符号“&”，取变量 a 的地址，并赋值给 p。这样，就为指针 p 和变量 a 建立了如图 4-1 所示的关系（不妨假设计算机为 a 和 p 分配的地址分别为 100 和 900）。

由此，不仅可以通过变量名 a 访问 a 的值，还可以通过指针 p 访问 a 的值。下面的语句进一步将 a 的值 9 赋值给已有的整型变量 n：

```
n = *p;
```

4.1.2 指针与数组

在声明数组时，编译器会为数组分配一片连续的内存空间，其首地址称为基本地址；同时，数组名被设置为基本地址的一个常量指针。现执行下面的语句，声明一个长度为 3 的数组 x：

图 4-1 指针与变量的关系

int x[3] = {1, 2, 3};

假设数组 x 的基本地址为 4000,int 类型占用 4 个字节的存储空间,则数组 x 的存储结构如图 4-2 所示。

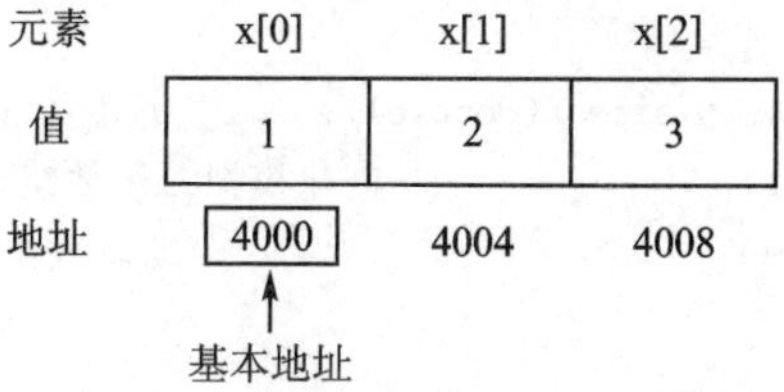

图 4-2 数组 x 的存储结构

若声明一个整型指针 p,则下面的三个语句将是等价的,均可使 p 指向数组 x:

```
p = x;
p = &x[0];
p = 4000;
```

4.2 动态数组

4.2.1 概 述

上一章所介绍的数组都是在编译时就已经确定了大小,这种数组称为静态数组。在使用静态数组之前,需要事先对数组的大小进行估计。但在实际问题中,要准确预估数组的大小往往是很困难的。为了更加合理地利用存储空间,可以在 C 语言程序运行的过程中为数组分配存储空间,这样创建得到的数组称为动态数组。

4.2.2 如何创建动态数组

利用指针变量及内存管理函数 malloc、calloc 和 realloc 可以创建动态数组。具体的方法有很多,无法一一列举,本书只针对一维和二维动态数组各介绍一种方式供读者参考。

【例 4-1】 创建二维动态数组 m 和一维动态数组 b,表示一个非齐次线性方程组。

参考下面的程序:

```
#include < stdio.h >
#include < malloc.h >

typedef double * M;
M * mCreate(int nRow, int nCol);                        // 分配内存,模拟二维数组
void mFree(M * m);                                      // 释放内存

int main()
{
    int i, j, nRow, nCol;
    double * b;
    printf("矩阵行数:\n");
    scanf("%d", &nRow);
    printf("矩阵列数:\n");
    scanf("%d", &nCol);
    b = (double *)malloc(nRow * sizeof(double));    // 长度为 nRow 的一维动态数组
    M * m = mCreate(nRow, nCol);             // 创建模拟二维数组,m 指向 nRow * nCol 的内存空间
    for (i = 0; i < nRow; i++)                          //动态数组初始化
    {
        for (j = 0; j < nCol; j++)
            scanf("%lf", &m[i][j]);                     // 系数矩阵
        scanf("%lf", &b[i]);                            // 常数项
    }
    //......

/*动态数组使用结束后,需释放相应内存,并将指针置空*/
    if(b)
        free(b);                                        // 释放 b 指向的内存
    b = NULL;                                           // 指针置空
    mFree(m);     /*执行 free 后,原先 m 指向的内存将归还给内存池。
                  若提前执行了 free 函数,将无法再通过 m 访问这片内存。*/
    m = NULL;

    return 0;
}

M * mCreate(int nRow, int nCol)                         // 给 nRow 行 nCol 列的矩阵分配内存
{
    if (nRow < 1 || nCol < 1)
        return NULL;
    M * m = (M *)malloc(sizeof(double *) * nRow);
    m[0] = (double *)malloc(sizeof(double) * nRow * nCol);   // m[0]指向首地址
    for (int i = 1; i < nRow; i++)
        m[i] = m[i - 1] + nCol;                       // 指针右移 nCol,指向模拟二维数组的下一行
    return m;
```

```
}

void mFree(M * m)
{
    if (m)
    {
        if (m[0])
            free(m[0]);
        free(m);            // 释放内存
    }
}
```

如图4-3所示，在上面的程序中，函数 mCreate 开辟了一片大小为 nRow×nCol 的连续存储空间，用于模拟二维数组，并用指针 m 和 m[0]同时指向其首地址；接着在 m[0]的基础上，依次将指针 m[i]右移 i×nCol，i=1，2，…，nRow−1，使 m[i]指向模拟二维数组的第 i 行。

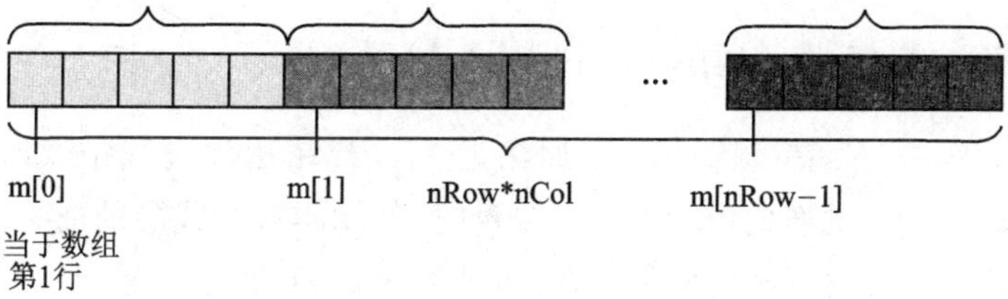

图4-3 函数 mCreate 创建的二维动态数组示意图

一维动态数组的创建较为简单，如例4-1中的数组 b：

```
b = (double *)malloc(nRow * sizeof(double));
```

在使用 malloc 函数分配内存时，指定数据类型和元素个数即可。

同静态数组一样，上述两种方法创建的动态数组都可以用数组名加下标访问其中的元素。在使用结束后，可以利用 free 函数将这片内存返还给内存池，亦称释放内存。

此外，在 C++中，常用关键词 new 来创建一维动态数组，在使用结束后，可以利用 delete 来释放内存，例如：

```
double * X;
X = new double[n];          // 创建动态数组
//……
delete [ ]X;                // 释放内存
```

4.3 线性方程组

对于阶数不高的线性方程组，直接法非常有效；但对于高阶方程组，直接法不仅计算量大，而且求解精度低。为提高解的精度、减少运算量、节约内存，可用迭代法求解。常用的线性方程组迭代解法有雅可比法、高斯-赛德尔法等。

4.3.1 雅可比(Jacobi)法

对 n 阶线性方程组 $a_{i1}x_1+a_{i2}x_2+\cdots+a_{in}x_n=b_i, i=1,2,\cdots,n$，若系数矩阵非奇异，且 $a_{ii}\neq 0$，则方程组可改写为

$$x_i=\frac{1}{a_{ii}}\left(b_i-\sum_{\substack{j=1\\j\neq i}}^{n}a_{ij}x_j\right)$$

式中，$i=1,2,\cdots,n$。写成迭代格式为

$$x_i^{(k+1)}=\frac{1}{a_{ii}}\left(b_i-\sum_{\substack{j=1\\j\neq i}}^{n}a_{ij}x_j^{(k)}\right)$$

式中，(k)表示第 k 次迭代。

给定一组初值 $\boldsymbol{X}^{(0)}=(x_1^{(0)},x_2^{(0)},\cdots,x_n^{(0)})^{\mathrm{T}}$，经上式迭代后可得向量 $\boldsymbol{X}^{(k)}=(x_1^{(k)},x_2^{(k)},\cdots,x_n^{(k)})^{\mathrm{T}}$，若 $X^{(k)}$ 最终收敛于 $\boldsymbol{X}^*=(x_1^*,x_2^*,\cdots,x_n^*)^{\mathrm{T}}$，则 $\boldsymbol{X}^*$ 就是该线性方程的解。此方法称为雅可比迭代法。

4.3.2 高斯-赛德尔(Gauss - Seidel)法

在雅可比法中，$x_i^{(k+1)}$ 应该比 $x_i^{(k)}$ 更加接近 x_i^*，若在迭代过程中及时地将 $x_i^{(k)}$ 替换为 $x_i^{(k+1)}$，即在计算第 $k+1$ 次迭代中的第 i 个分量时，使用本次迭代中的前 $i-1$ 个分量，而不是上一次迭代中的值，可得到更好的效果，这种方法称为高斯-赛德尔法。

$$x_i^{(k+1)}=\frac{1}{a_{ii}}\left(b_i-\sum_{j=1}^{i-1}a_{ij}x_j^{(k+1)}-\sum_{j=i+1}^{n}a_{ij}x_j^{(k)}\right)$$

式中，$i=1,2,\cdots,n$。

【例 4-2】 用C语言编程实现雅可比法和高斯-赛德尔法，取收敛容差 $\varepsilon=10^{-6}$，解下面的线性方程组，并比较两种方法的收敛速度。

$$\begin{cases}x_1+0.4x_2+0.5x_3=1\\0.5x_1+x_2+0.4x_3=1\\0.4x_1+0.5x_2+x_3=1\end{cases}$$

下面给出雅可比、高斯-赛德尔算法的部分程序代码：

```
/*雅可比迭代法*/
bool Jacobi(M* A, int n, double* B, double e, int max, double* X)
{
    int i, j, k;
    double d, err, *Xold;              //err-新的 X[i]与旧的 X[i]相应分量差值的绝对值最大者
    for (i = 0; i < n; i++)
        if (fabs(A[i][i] < 1e-50))     //若对角线元素为 0,算法失效
            return false;
    Xold = (double*)malloc(n * sizeof(double));
    for (i = 0; i < n; i++)
        Xold[i] = 0.;                  //赋初值
```

```
    for (k = 0; k < max; k++)                  // 迭代
    {
        err = 0.;                              // 重置所有分量的最大差值
        for ( i = 0; i < n; i++ )
        {
            X[i] = B[i];
            for ( j = 0; j < n; j++ )
            {
                if (i != j)
                {
                    X[i] -= A[i][j] * Xold[j];
                }
            }
            X[i] /= A[i][i];                   // 得到新的 X[i]
            d = fabs(X[i] - Xold[i]);          // 第 i 个分量差值的绝对值
            if (err < d)
                err = d;                       // 找到所有分量中变化最大的
        }
        if (err < e)
            break;                             // 若满足精度要求,则结束当前迭代
        memcpy(Xold, X, n * sizeof(double)); // 更新,准备进入下一次迭代
    }
    free(Xold);                                // 释放 Xold 的内存
    Xold = NULL;
    return k < max ? true : false;             // 判断是否达到最大迭代次数
}

/*高斯-赛德尔法*/
bool GaussSeidel(M* A, int n, double* B, double e, int max, double* X)
{
    int i, j, k;
    double d, err;// err-新的 X[i]与旧的 X[i]相应分量差值的绝对值最大者
    if (n < 2)
        return false;
    for (i = 0; i < n; i++)
    {
        if (fabs(A[i][i] < 1e-50))             // 若对角线元素为 0,则算法失效
            return false;
        X[i] = 0.;                             // 赋初值
    }
    for (k = 0; k < max; k++)                  // 迭代
    {
        err = 0.;                              //重置所有分量的最大差值
        for (i = 0; i < n; i++)
        {
```

```
            d = X[i];                       // 保存旧的 X[i]
            X[i] = B[i];
            for (j = 0; j < n; j++)
            {
                if (i != j)
                {
                    X[i] -= A[i][j] * X[j];
                }
            }
            X[i] /= A[i][i];                // 得到新的 X[i]
            d = fabs(X[i] - d);             // 第 i 个分量差值的绝对值
            if (err < d)
                err = d;                    // 找到所有分量中变化最大的
        }
        if (err < e)
            break;                          // 若满足精度要求,则结束当前迭代
    }
    return k < max ? true : false;          // 判断是否达到最大迭代次数
}
```

4.3.3 迭代法的收敛条件

线性方程组 $\boldsymbol{AX}=\boldsymbol{b}$ 的迭代解法可用矩阵表示为 $\boldsymbol{X}^{(k+1)}=\boldsymbol{BX}^{(k)}+\boldsymbol{F}$。不同的迭代法的区别仅在于迭代矩阵 $\boldsymbol{B}$ 和 $\boldsymbol{F}$ 不同,故该矩阵形式具有普遍意义。

由 $\boldsymbol{X}^{(k+1)}=\boldsymbol{BX}^{(k)}+\boldsymbol{F}$,$\boldsymbol{X}^{(k+1)}-\boldsymbol{X}^{(k)}=\boldsymbol{B}(\boldsymbol{X}^{(k)}-\boldsymbol{X}^{(k-1)})=\boldsymbol{B}^k(\boldsymbol{X}^{(1)}-\boldsymbol{X}^{(0)})$,可得 $\|\boldsymbol{X}^{(k+1)}-\boldsymbol{X}^{(k)}\|\leqslant q^k\|\boldsymbol{X}^{(1)}-\boldsymbol{X}^{(0)}\|$,$q=\|\boldsymbol{B}\|$。参考定理 2.2,可得如下定理:

定理 4.1 若迭代矩阵 $\boldsymbol{B}$ 的某种范数 $\|\boldsymbol{B}\|<1$,则由 $\boldsymbol{X}^{(k+1)}=\boldsymbol{BX}^{(k)}+\boldsymbol{F}$ 确定的迭代法对任意初值 $\boldsymbol{X}^{(0)}$ 均收敛。

定义 4.1 如果矩阵 $\boldsymbol{A}_{n\times n}$ 的每一行中,主对角线上元素的绝对值大于所有其他元素的绝对值之和,则称矩阵 $\boldsymbol{A}_{n\times n}$ 按行严格对角占优,即

$$|a_{ii}|>\sum_{\substack{j=1\\j\neq i}}^{n}|a_{ij}|,\quad i=1,2,\cdots,n$$

定理 4.2 若非齐次线性方程组 $\boldsymbol{AX}=\boldsymbol{b}$ 的系数矩阵 $\boldsymbol{A}$ 按行严格对角占优,则雅可比法对任意初值 $\boldsymbol{X}^{(0)}$ 均收敛。

定理 4.2 的证明请参考其他书籍。

【例 4-3】 判断矩阵

$$\boldsymbol{A}=\begin{bmatrix}4&-1&0\\-3&5&1\\1&-1&6\end{bmatrix},\quad \boldsymbol{B}=\begin{bmatrix}5&-1&9\\-3&8&-2\\0&-3&4\end{bmatrix}$$

是否严格对角占优。

解:$|4|>|-1|+|0|$,$|5|>|-3|+|1|$,$|6|>|1|+|-1|$,故 $\boldsymbol{A}$ 是对角占优矩阵;

$|5|>|-1|+|9|$不成立，故 $\boldsymbol{B}$ 不是对角占优矩阵。

4.3.4 稀疏矩阵的计算

在上一章中，我们已经介绍过线性方程组的直接解法，如高斯消元法等。运用这些方法，只需要有限步骤的计算就可以得到线性方程组的解。而迭代法只能得到近似解，且需要多步计算才能得到满足精度要求的解。那么为什么还要研究迭代方法呢？主要原因有：

① 迭代法中的一步计算，所需时间比直接法少得多。对于 $n\times n$ 的矩阵，一次高斯消元法需要进行 n^3 次计算，雅可比法中的一步，仅需要约 n^2 次乘法及大约相同数量的加法。

② 迭代法适用于求解稀疏矩阵的方程组。$n\times n$ 的稀疏矩阵，其中的非零元素往往仅有 $O(n)$个。在高斯消元的过程中，必要的行变换将导致填充，使稀疏矩阵变得不稀疏，大大降低了计算效率。因此，在这种情况下，选择迭代法进行线性方程组的求解更为合理。

由于稀疏矩阵中存在大量的“0”，因此在计算机中存储时，只需要记录其中非零元素的值及其在矩阵中的位置即可。下面介绍一种稀疏矩阵的数据结构：

```
typedef struct _triplet TRIPLET;        // 稀疏矩阵非零元素对应的三元组
struct _triplet
{
    int i;                              // 所在行号,0 < = i < nRow
    int j;                              // 所在列号,0 < = j < nCow
    double value;                       // 元素值,即 aij
};

typedef struct _s S;                    // 稀疏矩阵
struct _s
{
    int nRow;                           // nRow 行
    int nCol;                           // nCol 列
    int nz;                             // 非零元素的个数
    TRIPLET * ts;                       // 所有非零元素的三元组数组,ts[0], ts[1],…, ts[nz - 1]
};

S * sCreate(int nRow, int nCol, int nz)// 创建含 nz 个非零元素的稀疏矩阵
{
    S * s = new S();
    s -> nRow = nRow;
    s -> nCol = nCol;
    s -> nz = nz;
    s -> ts = new TRIPLET[nz];
    for (int i = 0; i < nz; i++ )       // 初始化稀疏矩阵
    {
        s -> ts[i].i = 0;
        s -> ts[i].j = 0;
```

```
        s->ts[i].value = 0.;
    }
    return s;
}

void sFree(S* s)            // 释放稀疏矩阵的内存
{
    if (s)
    {
        delete [](s->ts);
        delete s;
    }
}
```

4.4 课后习题

一、填空题

1. 变量的指针，其值是该变量的________。

2. ________运算符可以获取单个变量的地址。

3. 若定义"int a = 1, b = 2, *p, *q;"，执行语句"p = &a; q = p; p = &b;"后，则 *p 的值为________，*q 的值为________。

4. 若定义"int a[5] = {5, 10, 15, 20, 25};"，则 *(a + 2)的值为________。

5. 在 C 语言中，可以利用________变量和内存管理函数________创建动态数组，在使用结束后，需调用________函数以释放这部分内存。

6. 与静态数组不同，动态数组的大小是在________时确定的。

7. 若定义"double *b;"，则可用语句 b=________动态分配 5 个连续的 double 型存储单元。

8. 雅可比迭代公式为________________。

9. 高斯-赛德尔迭代公式为________________。

10. 高斯-赛德尔法在计算第 $k+1$ 次迭代中的第 i 个分量时，使用本次迭代中的前________个分量替代前一次迭代中的相应值。

二、改错题

1. 请用 C 语言编程实现高斯-赛德尔法并求解线性方程组：

$$\begin{bmatrix} 6 & -2 & 1 \\ 3 & -12 & 7 \\ -4 & -1 & 8 \end{bmatrix}\begin{bmatrix} x_1 \\ x_2 \\ x_3 \end{bmatrix}=\begin{bmatrix} 5 \\ -2 \\ 3 \end{bmatrix}$$

要求：① 迭代初值为 $x_0=[0, 0, 0]^{\mathrm{T}}$；② 收敛条件 $\|\boldsymbol{x}^{(k+1)}-\boldsymbol{x}^{(k)}\|_\infty<10^{-5}$；③ 用 malloc 函数创建动态数组表示线性方程组；④ 用指针将求得的根传递给调用函数。

下面是源文件 GaussSeidel.c 的内容，试找出程序中存在的错误。

```
#include < stdbool.h >
#include < math.h >
#include < malloc.h >
#include < memory.h >
#include < stdio.h >

#define EPS 1e-5;
#define MAXIT 1000;

typedef double *M;
M* mCreate(int nRow, int nCol);                    // 分配内存,模拟二维数组
void mFree(M* m);                                  // 释放内存
void initM(M* A, double* B, int n);                // 初始化线性方程组 AX=b
/*高斯-赛德尔法*/
bool GaussSeidel(M A, int n, double B, double e, int max, double X);


int main()
{
    M *A;
    int n = 3;
    double *B, *X;
    A = mCreate(n, n);
    B = (double)malloc(n * sizeof(double));        // 常数项
    X = (double)malloc(n * sizeof(double));        // 解向量
    initMatrix(A, B, n);
    free(B);
    free(X);
    mFree(A);
    if (GaussSeidel(A, 3, B, EPS, MAXIT, X))
    {
        for (int i = 0; i < 3; i++)
        {
            printf("%.6f\n", X[i]);
        }
    }
    B = NULL; X = NULL; A = NULL;
    return 0;
}

bool GaussSeidel(M A, int n, double B, double e, int max, double X);
{
    int i, j, k;
    double d, err;//err-新的 X[i]与旧的 X[i]相应分量差值的绝对值最大者
```

```
    if (n < 2)
        return false;
    for (i = 0; i < n; i++)
    {
        if (fabs(A[i][i] < 1e-50))              // 若对角线元素为0,算法失效
            return false;
        X[i] = 0.;                               // 赋初值
    }
    for (k = 0; k < max; k++)                    // 迭代
    {
        err = 0.;                                // 重置所有分量的最大差值
        for (i = 0; i < n; i++)
        {
            d = X[i];                            // 保存旧的 X[i]
            X[i] = B[i];
            for (j = 0; j < n; j++)
            {
                if (i != j)
                {
                    X[i] -= A[i][j] * X[j];
                }
            }
            X[i] /= A[i][i];                     // 得到新的 X[i]
            d = fabs(X[i] - d);                  // 第 i 个分量差值的绝对值
            if (err < d)
                err = d;                         // 找到所有分量中变化最大的
        }
        if (err < e)
            break;                               // 若满足精度要求,则结束当前迭代
    }
    return k < max ? true : false;               // 判断是否达到最大迭代次数
}
M* mCreate(int nRow, int nCol)                   // 给 nRow 行 nCol 列的矩阵分配内存
{
    if (nRow < 1 || nCol < 1)
        return NULL;
    M* m = (M*)malloc(sizeof(double*) * nRow);
    m[0] = (double*)malloc(sizeof(double) * nRow * nCol);  // m[0]指向首地址
    for (int i = 1; i < nRow; i++)
        m[i] = m[i - 1] + nCol;                  // 指针右移 nCol,指向模拟二维数组的下一行
    return m;
}
void mFree(M* m)
{
    if (m)
```

```
    {
        if (m[0])
            free(m[0]);
        free(m);            // 释放内存
    }
}
bool initM(M * A, double * B, int n)
{
    if (A && B)
    {
        A[0][0] = 6; A[0][1] = -2; A[0][2] = 1; B[0] = 5;
        A[1][0] = 3; A[1][1] = -12; A[1][2] = 7; B[1] = -2;
        A[2][0] = -4; A[2][1] = -1; A[2][2] = 8; B[2] = 3;
        return true;
    }
    else
        return false;
}
```

三、简答题

1. 什么是指针？为什么要对指针变量进行初始化？如何对指针变量进行初始化？

2. 总结雅可比迭代法与高斯-赛德尔法的区别。

3. 试描述迭代法的收敛条件。

4. 方程组

(1) $\begin{cases} 7x_1+x_2-3x_3=5 \\ -2x_1+6x_2=4 \\ x_1-x_2-4x_3=-4 \end{cases}$；　(2) $\begin{cases} 9x_1+x_2-4x_3=-1 \\ -2x_1+11x_2-6x_3=2 \\ -2x_2+3x_3=5 \end{cases}$。

用雅可比法和高斯-赛德尔法求解上述方程组的收敛性；写出雅可比法及高斯-赛德尔法求解该方程组的迭代公式，并取迭代初值 $\boldsymbol{x}_0=[0,\ 0,\ 0]^{\mathrm{T}}$，取收敛条件为 $\|\boldsymbol{x}^{(k+1)}-\boldsymbol{x}^{(k)}\|_\infty<10^{-4}$。

四、编程题

1. 分别用雅可比法和高斯-赛德尔法求解下面的方程组，并打印输出迭代次数及方程组的解。要求：① 给定收敛条件为 $\|\boldsymbol{x}^{(k+1)}-\boldsymbol{x}^{(k)}\|_\infty<10^{-6}$；② 生成随机的迭代初值，可参考下面的程序代码。

$$\begin{bmatrix} 7 & -1 & -1 \\ -1 & 6 & -2 \\ -1 & -2 & 5 \end{bmatrix}\begin{bmatrix} x_1 \\ x_2 \\ x_3 \end{bmatrix}=\begin{bmatrix} 2 \\ 5 \\ 10 \end{bmatrix}$$

```
double rand01()
{
    return (double)rand() / RAND_MAX;/* 返回 0、1 之间的一个随机数
                                      RAND_MAX 定义在头文件 stdlib.h 中 */
}
int main()
{
```

```
    srand(time(NULL));           // 时间种子
    int i, j;
    M * m = mCreate(5, 5);       // 生成一个 5×5 的矩阵
    for (i = 0; i < 5; i++)      // 将矩阵中的元素初始化为 0、1 之间的随机数
    {
        for (j = 0; j < 5; j++)
            m[i][j] = rand01();
    }
    // 解方程组的代码实现
    // 释放内存
    mFree(m);
    m = NULL;
    return 0;
}
```

2. 在高斯-赛德尔迭代公式中引入松弛因子 w,得到如下迭代公式:

$$x_i^{(k+1)} = x_i^{(k)} + w\left[\frac{1}{a_{ii}}\left(b_i - \sum_{j=1}^{i-1} a_{ij}x_j^{(k+1)} - \sum_{j=i+1}^{n} a_{ij}x_j^{(k)}\right) - x_i^{(k)}\right]$$

式中,$0<w<2$,这种方法称为超松弛法。

(1) 给定收敛条件为 $\|\boldsymbol{x}^{(k+1)}-\boldsymbol{x}^{(k)}\|_\infty<10^{-8}$,试用 C 语言编程实现超松弛算法求解6 阶方程组(精确解为 $\boldsymbol{x}^* = [1,\ 1,\ 1,\ 1,\ 1,\ 1]^{\mathrm{T}}$),并以此为例,与雅可比法、高斯-赛德尔法比较收敛速度。

$$\begin{bmatrix} 3 & 1 & 0 & 0 & 0 & \frac{1}{2} \\ -1 & 3 & 1 & 0 & \frac{1}{2} & 0 \\ 0 & -1 & 3 & 1 & 0 & 0 \\ 0 & 0 & -1 & 3 & 1 & 0 \\ 0 & \frac{1}{2} & 0 & -1 & 3 & 1 \\ \frac{1}{2} & 0 & 0 & 0 & -1 & 3 \end{bmatrix} \begin{bmatrix} x_1 \\ x_2 \\ x_3 \\ x_4 \\ x_5 \\ x_6 \end{bmatrix} = \begin{bmatrix} \frac{9}{2} \\ \frac{7}{2} \\ 3 \\ 3 \\ \frac{7}{2} \\ \frac{5}{2} \end{bmatrix}$$

(2) 将(1)中的方程组扩展至 10 000 阶并求解。

3. 一平面桁架结构如图 4-4 所示,试结合理论力学相关知识列出线性方程组,用 C 语言

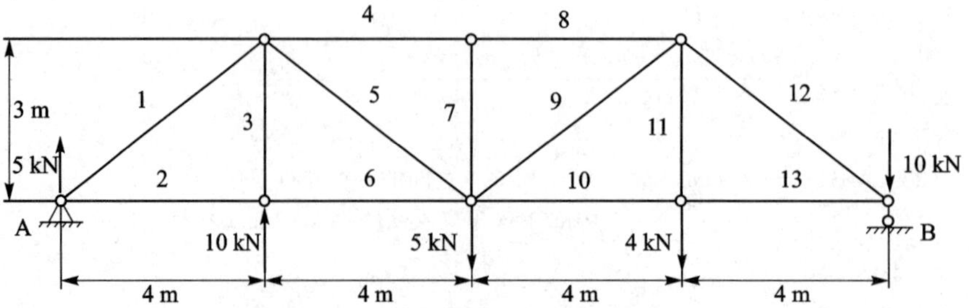

图 4-4　平面桁架结构及受力情况

编程求所有杆件的内力并判断杆件是受拉还是受压(拉力为正),最后按照如下格式打印输出结果:

F [1] =10 kN(拉)

F [2] =5 kN(压)

……

4. 现有一薄铁板周边温度如图 4-5 所示(单位:℃),已知其热传导过程已达到稳态,即在均匀分布的网格点上,各点温度是其上下左右 4 个点温度的平均值。试以此确定该铁板中间 1～6 号点处的温度。

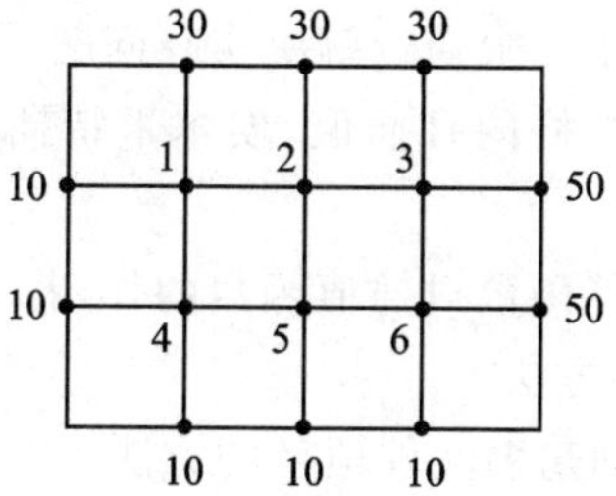

图 4-5　薄铁板温度分布

4.5　上机任务

1. 参考本章编程题 1 中给出的生成随机数的程序代码,试用 C 语言编程创建至少三阶的非齐次线性方程组,使其满足雅可比迭代的收敛条件,并给定收敛精度 $e=10^{-5}$,用雅可比法求解该方程组,打印输出迭代次数及方程组的解。

2. 分别用雅可比法和高斯-赛德尔法求解 $\boldsymbol{H}_5\boldsymbol{X}=\boldsymbol{b}$,$\boldsymbol{H}_5$ 为 5 阶 Hilbert 矩阵,$\boldsymbol{b}=[1, 1, \cdots, 1]^{\mathrm{T}}$,取随机的初值向量,收敛精度为 $e=10^{-5}$,打印输出迭代次数及方程组的解。

第 5 章　插值与逼近

【实践任务】

① 掌握 C 语言中宏定义的基本语法。

② 了解插值与逼近的关系。

③ 掌握最小二乘法，会用最小二乘逼近解决实际问题；了解最佳平方逼近方法。

④ 掌握常见的插值方法，如拉格朗日插值、埃尔米特插值、贝塞尔曲线等；了解三次样条函数。

⑤ 掌握基函数的概念，理解基函数对插值函数的作用。

⑥ 掌握绘制插值函数图像的方法。

⑦ 掌握使用 Visual Studio 创建多文件项目的方法。

5.1　C 语言中的宏定义

在第 1 章中已经介绍过，程序代码通过编译和链接转化为可执行程序。但在 C 语言中有这样一些命令，不能对它们进行编译，而是由预处理器在编译之前对程序中这些特殊的命令进行预处理，称为预处理命令。在 C 语言中，以 # 开头的命令行都是预处理命令，常用的文件包含命令“#include”就属于预处理命令的一种。经过预处理之后，程序中将不再包含预处理命令。在 C 语言中，有宏定义、文件包含和条件编译三种。从使用频率和错误率的角度综合考率，本书将对宏定义这一类预处理命令进行介绍。

5.1.1　宏定义的基本语法

宏定义命令由预处理器指令（# define）、宏、替换体三部分组成，如图 5－1 所示。在 C 语言中，宏定义可以分为无参数和有参数两种。

② 宏

#define　N　100

① 预处理器指令　③ 替换体

图 5－1　宏定义命令的组成

1. 无参数宏定义

无参数宏定义通常用于定义符号常量（也叫作明示常量）。宏的名称中不允许有空格，而且必须遵守 C 语言变量的命名规则。在预处理过程中，预处理器将用替换体替换程序中的该宏。

2. 有参数宏定义

在 # define 中使用参数可以创建与函数类似的类函数宏。类函数宏定义的圆括号中可以有一个或多个参数，替换体则类似于函数体。下面给出一个类函数宏的例子：

```
#define Multiple(X, Y) (X * Y)
Z = Multiple(1, 2);
```

在预编译后，程序中的 Multiple(X，Y)均以文本替换的方式被直接替换为 X * Y。但上述例子中，存在一些隐含的陷阱，请通过例 5-1 进行体会。

【例 5-1】 观察下面程序的输出，a 与 b、c 与 d 的值是否相等？试分析其原因。

```
#include < stdio.h >
#define Multiple1(X, Y) (X * Y)
#define Multiple2(X, Y) (X) * (Y)
int main()
{
    int a, b, c, d, x = 1, y = 2;
    a = Multiple1(x, y);
    b = Multiple2(x, y);
    printf("a = %d\nb = %d\n", a, b);
    c = Multiple1(x + 1, y + 2);
    d = Multiple2(x + 1, y + 2);
    printf("c = %d\nd = %d\n", c, d);
}
```

程序运行结果：

```
a = 2
b = 2
c = 5
d = 8
```

由上述结果可以看出，$a=b$，$c\neq d$。看似相同的语句，为何会出现不同的结果？让我们试着还原一下预处理器对宏进行的“替换”操作。原来，在预处理时，下列语句：

```
a = Multiple1(x, y);
b = Multiple2(x, y);
c = Multiple1(x + 1, y + 2);
d = Multiple2(x + 1, y + 2);
```

分别被替换为

```
a = x * y;
b = (x) * (y);
c = x + 1 * y + 2;
d = (x + 1) * (y + 2);
```

由此，$a=b=1\times2=2$，$c=1+1\times2+2=5$，$d=(1+1)\times(2+2)=8$，从而导致了不同的结果。可见，合理使用圆括号可以有效避免有参数宏在预处理时的逻辑错误。

5.1.2 宏定义的特点

① 宏定义属于预处理指令，由预处理器在编译之前完成宏替换，在程序运行过程中并不占用内存和时间，因此可以提高程序的运行效率。

② 有参数宏(类函数宏)与函数有许多相似之处。为避免产生歧义，类函数宏定义中需要给每个参数添加圆括号。当函数体中涉及较多参数时，需要使用相当数量的圆括号，导致程序的可读性降低；且由于对宏的处理只是字符替换，编译器一般不会检查其中的语法错误，因此，应当根据实际情况选择是否使用宏定义函数。

5.2 逼　近

5.2.1 最小二乘逼近

给定离散的数据点$(x_i,y_i),i=0,1,\cdots,m$，如果用直线$y=ax+b$逼近这些数据点，可以采用最小二乘法确定直线的参数a、b。所谓最小二乘法，就是求解参数a和b，使得直线逼近数据点的偏差的平方和达到最小，即求a、b为何值时，$I(a,b)=\sum_{i=0}^{m}(ax_i+b-y_i)^2$取得最小值。

由多元函数取极值的必要条件(各偏导数为0)，有

$$\frac{\partial I(a,b)}{\partial a}=0,\quad \frac{\partial I(a,b)}{\partial b}=0 \tag{5.1}$$

即

$$\begin{cases}\sum x_i^2a+\sum x_ib=\sum x_iy_i\\ \sum x_ia+(m+1)b=\sum y_i\end{cases} \tag{5.2}$$

写成矩阵形式如下：

$$\begin{bmatrix}\sum x_i^2 & \sum x_i\\ \sum x_i & m+1\end{bmatrix}\begin{bmatrix}a\\ b\end{bmatrix}=\begin{bmatrix}\sum x_iy_i\\ \sum y_i\end{bmatrix} \tag{5.3}$$

按照上述最小二乘法的思路，现改用不超过$n(n\leqslant m)$的多项式$P(x)=\sum_{i=0}^{n}a_ix^i$逼近数据点集，使$I=\sum_{i=0}^{m}[P(x_i)-y_i]^2$最小，这种逼近称为多项式逼近。

由多元函数的极值条件，有

$$\begin{bmatrix}m+1 & \sum x_i & \cdots & \sum x_i^n\\ \sum x_i & \sum x_i^2 & \cdots & \sum x_i^{n+1}\\ \vdots & \vdots & & \vdots\\ \sum x_i^n & \sum x_i^{n+1} & \cdots & \sum x_i^{2n}\end{bmatrix}\begin{bmatrix}a_0\\ a_1\\ \vdots\\ a_n\end{bmatrix}=\begin{bmatrix}\sum y_i\\ \sum x_iy_i\\ \vdots\\ \sum x_i^ny_i\end{bmatrix} \tag{5.4}$$

线性方程组(5.4)的系数矩阵为对称正定矩阵$\boldsymbol{B}=\boldsymbol{A}^{\mathrm{T}}\boldsymbol{A}$，存在唯一解，其中

$$\mathbf{A}=\begin{bmatrix}1 & x_0 & \cdots & x_0^n\\ 1 & x_1 & \cdots & x_1^n\\ \vdots & \vdots & & \vdots\\ 1 & x_m & \cdots & x_m^n\end{bmatrix} \tag{5.5}$$

5.2.2　最佳平方逼近

在上述算法中，若不采用多项式而选择一般的连续函数进行拟合，则可以得到最小二乘法的一种推广形式。

令 $\varphi_i(x)$是$[a,b]$上的连续函数，$i=0,1,\cdots,n$，其线性组合得到 $\varphi(x)$，即 $\varphi(x)=\sum_{i=0}^{n}a_i\varphi_i(x)$。所有这样的 $\varphi(x)$构成的函数集合记为 Ω，通常表示为 $\Omega=\mathrm{Span}\{\varphi_0(x),\varphi_1(x),\cdots,\varphi_n(x)\}$，称 Ω 为 $\varphi_0(x),\varphi_1(x),\cdots,\varphi_n(x)$张成的线性空间。

设 $\Omega=\mathrm{Span}\{\varphi_0(x),\varphi_1(x),\cdots,\varphi_n(x)\}$是 $n+1$ 个连续函数张成的函数集，$\rho(x)$是区间$[a,b]$上的权函数，给定连续函数 $f(x)\in C[a,b]$。若 $f(x)$满足：

$$\int_a^b\rho(x)\left[f(x)-\phi(x)\right]^2\mathrm{d}x=\min_{\varphi(x)\in\Omega}\int_a^b\rho(x)\left[f(x)-\varphi(x)\right]^2\mathrm{d}x$$

则称 $\phi(x)$是 $f(x)$在函数集 Ω 中的最佳平方逼近。

5.3　插　值

插值和逼近统称为拟合。可将插值视为逼近的一种特殊情况，如果将逼近问题中的“拟合函数与数据点差值的平方和达到最小”这一条件改为“拟合函数过数据点”，即在拟合点处的误差为零，逼近问题就转化成了插值问题。

插值在科学计算和工程实践中有着十分广泛的应用。由一系列实验点(x_i,y_i)，$i=0,1,\cdots,n$，构造函数 $y=f(x)$，使 $y_i=f(x_i)$，这就是简单的插值问题。称 $f(x)$为插值函数，$x_0,x_1,\cdots,x_n$ 为插值节点。插值的核心问题是：插值函数的构造，插值函数的存在性、唯一性，以及误差分析等。

5.3.1　多项式插值概述

若构造的函数 $y=f(x)$为 x 的 n 次多项式 $P_n(x)=a_0+a_1x+\cdots+a_nx^n$，则称这样的插值方法为多项式插值。多项式具有求值方便和连续可导的优点。设插值节点 $x_0<x_1<\cdots<x_n$，令 $a=x_0$，$b=x_n$，则称$[a,b]$为插值区间。

一般来说，可以将多项式插值函数表示为如下形式：

$$P_n(x)=\sum_{i=0}^{n}\varphi_i(x)a_i \tag{5.6}$$

式中，$\varphi_i(x)$为基函数，它决定了插值函数 $P_n(x)$的整体性质；a_i 为系数。插值函数其实就是基函数与系数的组合。

若插值多项式为 $P_n(x)=a_0+a_1x+\cdots+a_nx^n$，由插值条件 $P_n(x_i)=y_i$，$i=0,1,\cdots,n$，可得关于插值多项式系数 $a_0,a_1,\cdots,a_n$ 的 $n+1$ 阶线性方程组

$$a_0+a_1x_i+\cdots+a_nx_i^n=y_i,\quad i=0,1,\cdots,n \tag{5.7}$$

方程组(5.7)的系数行列式为

$$D=\begin{vmatrix}1 & x_0 & \cdots & x_0^n\\ 1 & x_1 & \cdots & x_1^n\\ \vdots & \vdots & & \vdots\\ 1 & x_n & \cdots & x_n^n\end{vmatrix}=\prod_{0\leqslant j<i\leqslant n}(x_i-x_j) \tag{5.8}$$

D 为范德蒙(Vandermonde)行列式。由于对任意满足 $0\leqslant j<i\leqslant n$ 的 i、j，都有 $x_i\neq x_j$，所以 $D\neq 0$，该方程组有唯一解，即插值多项式 $P_n(x)$ 存在且唯一。

直接求解方程组(5.7)是解决多项式插值问题的最基本方法，本书第 3、4 章已经对线性方程组的求解方法进行了详细的介绍。但由于该方程组是高度病态的，且次数越高，病态越严重，再加上涉及的计算量巨大，因此，一般的多项式插值问题不选择用此方法。下面将介绍另几种求解插值多项式的方法。

5.3.2 拉格朗日(Lagrange)插值

1. 线性插值

若要在(x_0,y_0)、(x_1,y_1)两点间进行多项式插值，应构造插值多项式 $P_1(x)=a+bx$，给定插值条件为 $P_1(x_0)=y_0$，$P_1(x_1)=y_1$，则多项式 $P_1(x)=a+bx$ 表示过两给定点的直线，用“两点式”表示其解析式为

$$P_1(x)=\frac{x-x_1}{x_0-x_1}y_0+\frac{x-x_0}{x_1-x_0}y_1 \tag{5.9}$$

上式又可看作

$$P_1(x)=l_0(x)y_0+l_1(x)y_1 \tag{5.10}$$

式中，$l_0(x)=\dfrac{x-x_1}{x_0-x_1}$，$l_1(x)=\dfrac{x-x_0}{x_1-x_0}$。

2. 抛物线插值

若要在三点间进行多项式插值，则应构造插值多项式 $P_2(x)=ax^2+bx+c$，给定插值条件为 $P_2(x_0)=y_0$，$P_2(x_1)=y_1$，$P_2(x_3)=y_3$，则多项式 $P_2(x)=ax^2+bx+c$ 表示过给定三点的抛物线，其解析式为

$$P_2(x)=\frac{(x-x_1)(x-x_2)}{(x_0-x_1)(x_0-x_2)}y_0+\frac{(x-x_0)(x-x_2)}{(x_1-x_0)(x_1-x_2)}y_1+\frac{(x-x_0)(x-x_1)}{(x_2-x_0)(x_2-x_1)}y_2 \tag{5.11}$$

同样地，上式可看作

$$P_2(x)=l_0(x)y_0+l_1(x)y_1+l_2(x)y_2 \tag{5.12}$$

式中，$l_0(x)=\dfrac{(x-x_1)(x-x_2)}{(x_0-x_1)(x_0-x_2)}$，$l_1(x)=\dfrac{(x-x_0)(x-x_2)}{(x_1-x_0)(x_1-x_2)}$，$l_2(x)=\dfrac{(x-x_0)(x-x_1)}{(x_2-x_0)(x_2-x_1)}$。

3. 拉格朗日插值

给定 $n+1$ 个点(x_0,y_0)，(x_1,y_1)，$\cdots$，(x_n,y_n)进行多项式插值，可构造插值多项式

$$L_n(x)=\sum_{i=0}^{n} l_i(x)y_i = l_0(x)y_0 + l_1(x)y_1 + \cdots + l_n(x)y_n \tag{5.13}$$

式(5.13)称为 n 次拉格朗日插值多项式。式中

$$l_i(x)=\frac{(x-x_0)(x-x_1)\cdots(x-x_{i-1})(x-x_{i+1})\cdots(x-x_{n-1})(x-x_n)}{(x_i-x_0)(x_i-x_1)\cdots(x_i-x_{i-1})(x_i-x_{i+1})\cdots(x_i-x_{n-1})(x_i-x_n)}$$

称为拉格朗日基函数,简称拉格朗日基。显然,$l_i(x)$满足下式:

$$l_i(x_j)=\delta_{ij}=\begin{cases}1, & j=i\\ 0, & j\neq i\end{cases},\quad i,j=0,1,2,\cdots,n$$

即在第 $i+1$ 个插值节点 $x_i(i=0,1,\cdots,n)$处,只有 $l_i=1$,其余 $l_j=0(i\neq j)$。于是有 $L_n(x_i)=y_i, i=0,1,\cdots,n$。

实际上,并非插值多项式 L_n 的次数越高越好,如对函数 $f(x)=1/(1+x^2), x\in[-5,5]$,选择 $n+1$ 个等距节点 $x_k=-5+10\dfrac{k}{n}, k=0,1,\cdots,n$ 进行插值,结果如图 5-2 所示。可以看到随着插值节点的增多,插值函数的光顺性将越来越差,此即为龙格(Runge)现象。

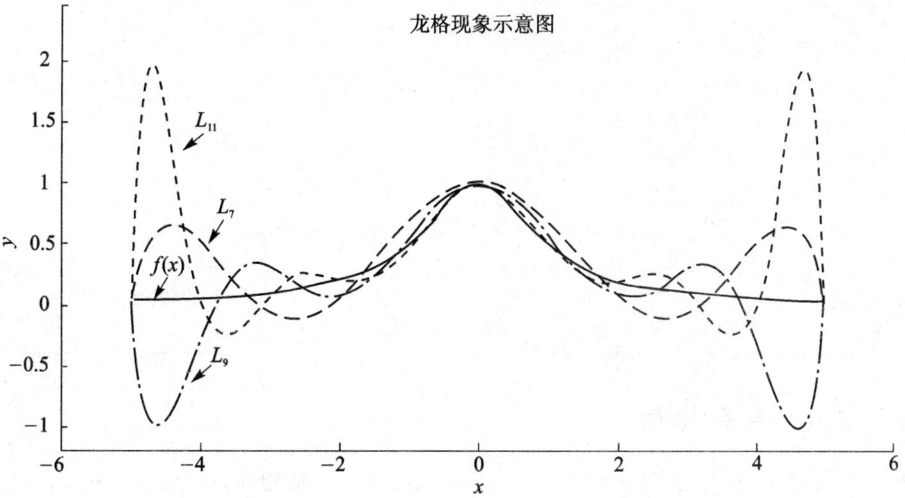

图 5-2　$1/(1+x^2)$及其插值多项式图像

5.3.3　埃尔米特(Hermite)插值

在实际应用中,有时不仅要求插值函数通过点$(x_i,y_i), i=0,1,\cdots,n$,还要求插值点处插值函数的一阶导数值与被插值函数的导数相等。这种插值方法称为埃尔米特插值,对应的插值多项式记为 $H(x)$,令

$$H(x)=\sum_{i=0}^{n} h_i(x)f(x_i)+\sum_{i=0}^{n} g_i(x)f'(x_i) \tag{5.14}$$

式中

$$\begin{cases}h_i(x_j)=\delta_{ij}\\ h'_i(x_j)=0\end{cases} \tag{5.15}$$

$$\begin{cases} g_i(x_j)=0 \\ g'_i(x_j)=\delta_{ij} \end{cases} \tag{5.16}$$

埃尔米特插值法的C语言描述如下：

```
double myHermite(int n, double x, double * X, double * Y, double* dY)
{
    double h, sum;
    double y = 0.;
    int i, j;
    for (i = 0; i < n; i++)
    {
        h = 1.0;
        sum = 0.0;
        for (j = 0; j < n; j++)
        {
            if (i != j)
            {
                h *= (x - X[j]) / (X[i] - X[j]);
                h = h * h;
                sum += 1.0 / (X[i] - X[j]);
            }
        }
        y += h * ((X[i] - x) * (2 * sum * Y[i] - dY[i]) + Y[i]);
    }
    return y;
}
```

5.3.4 三次样条插值

在区间$[a,b]$上，给定节点$a=x_0<x_1<\cdots<x_n=b$以及相应的$y_0,y_1,\cdots,y_n$，如果$s(x)$具有如下性质：

① 在子区间$[x_{i-1},x_i]$($i=1,2,\cdots,n$)上，$s(x)$是不超过三次的多项式；

② $s(x)$、$s'(x)$、$s''(x)$在$[a,b]$上连续；

③ $s(x_i)=y_i, i=0,1,2,\cdots,n$，

则称$s(x)$为三次样条插值函数。

5.3.5 贝塞尔(Bézier)曲线

本章前面的小节中已经提到，插值函数其实是基函数与插值系数的组合。若将上述插值问题都用这种形式加以表示，则可得到如下表达式：

① 幂基表示：

$$P_n(x)=\sum_{i=0}^{n}a_i x^i=[1\quad x\quad \cdots\quad x^n]\begin{bmatrix}a_0\\a_1\\\vdots\\a_n\end{bmatrix}\tag{5.17}$$

② 拉格朗日基表示：

$$L_n(x)=\sum_{i=0}^{n}l_i(x)y_i\tag{5.18}$$

③ 埃尔米特基表示：

$$H(x)=\sum_{i=0}^{n}h_i(x)y_i+\sum_{i=0}^{n}g_i(x)y'_i\tag{5.19}$$

与幂基表示不同的是，在采用拉格朗日基和埃尔米特基表示时，插值条件都显式地出现在表达式中，插值的物理意义更为明确。因此，在实际应用中，这两种基函数的使用比幂基的使用更为常见。

然而，这两种方法都存在各自的不足：拉格朗日基会随着插值点数的变化而变化，增加或减少插值点，都需要重新计算整个插值函数；埃尔米特插值不能精确表示二次曲线中的双曲线、椭圆弧和圆弧。为此，我们希望构建一个更为实用且具有明确物理意义的插值函数。由于插值函数的性质取决于基函数，故只要找到性质较好的基函数即可。

以平面曲线为例，将两个分量 x 和 y 分别视为参数 t 的函数，有

$$\begin{cases}x=x(t)\\y=y(t)\end{cases},\quad t\in[0,1]\tag{5.20}$$

若给定 $n+1$ 个点的位置矢量 $\boldsymbol{P}_i(i=0,1,\cdots,n)$，则 n 次贝塞尔函数可表示为

$$\boldsymbol{P}(t)=\sum_{i=0}^{n}B_{i,n}(t)\boldsymbol{P}_i\tag{5.21}$$

式中

$$B_{i,n}(t)=\frac{n!}{i!\,(n-i)!}t^i(1-t)^{n-i}\tag{5.22}$$

$B_{i,n}(t)$称为伯恩斯坦(Bernstein)基函数。

容易证明，伯恩斯坦基函数具有如下性质：

① 规范性：对任意 t，有

$$\sum_{k=0}^{n}B_{k,n}(t)=1\tag{5.23}$$

② 对称性：

$$B_{k,n}(t)=B_{n-k,n}(1-t)$$

③ 递推性：

$$B_{k,n}(t)=(1-t)B_{k,n-1}(t)+tB_{k-1,n-1}(t)$$

④ 导数的性质：

$$\frac{\mathrm{d}}{\mathrm{d}t}B_{k,n}(t)=n\left[B_{k-1,n-1}(t)-B_{k,n-1}(t)\right]$$

5.3.6 小　结

无论是何种形式的插值问题,其本质都是解线性方程组的问题。由于线性方程组解的唯一性,当取得等价插值条件时,插值函数也将唯一确定。

5.4 用C语言绘制插值函数图像

为了使插值的结果更为直观,可以对插值函数进行绘制。在C语言中,可以用Qt、OpenGL等实现图形的绘制,但较为复杂,学习成本较高。EasyX Graphics Library 是针对 Visual C++的免费绘图库,支持VC6.0～VC2019,使用时只需通过调用函数即可在命令行窗口绘制图像。其安装过程十分简单,具体步骤如下:

① 在 https://easyx.cn 下载最新的EasyX,并打开进入安装向导,如图5-3所示。

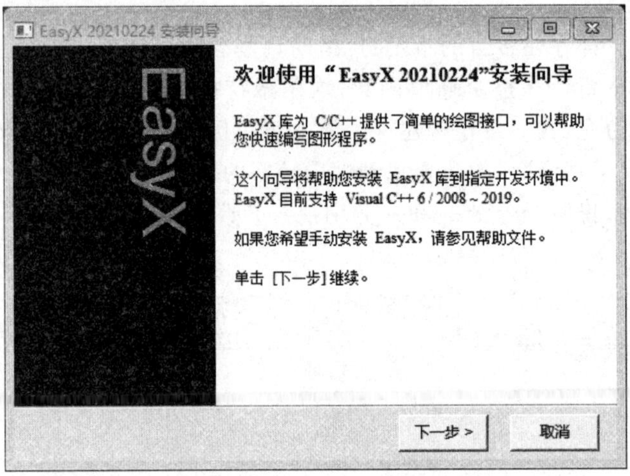

图5-3　EasyX安装向导

② 选择安装到对应版本的开发平台,这里选择"Visual C++ 2010",提示安装成功即可,如图5-4所示。

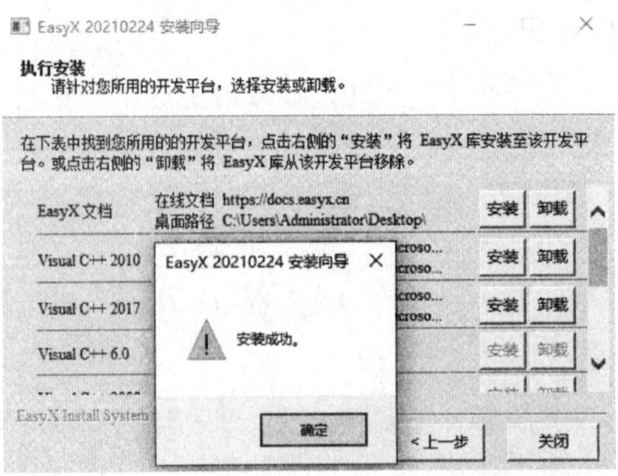

图5-4　选择安装到"Visual C++ 2010"

为进一步提高读者的学习效率，本书基于 EasyX 封装了用于二维坐标绘图的简单接口，可用于在平面坐标系中绘制点、线段、直线、坐标轴等。绘图框架的代码和使用方法参考 10.1 节“简单绘图程序接口”。在本章后文所述头文件 myDraw2D.h 中，利用 EasyX 和封装的绘图接口为读者提供了在二维平面上绘制 Hermite 插值函数图像的函数。下面是对其中各参数的说明：

```
void myDraw2DH(int width,          // 绘图窗口宽度(以像素为单位)
    int height,                    // 绘图窗口高度(以像素为单位)
    COLORREF color,                // 插值曲线的颜色
    double a,                      // 插值区间下限
    double b,                      // 插值区间上限
    double* X,                     // 插值节点
    double* Y,                     // 插值点函数值
    double* dY,                    // 插值点导数值
    int n,                         // 插值点个数
    double step,                   // 插值步长
    double tol);                   // 区间长度的最小值
```

5.5　多文件编程

本书前面章节所介绍的都是单一文件程序。但在实际程序开发中，尤其是在开发大型 C 程序时，代码量较大、功能较复杂，单一文件程序的大量代码集中在一个文件，非常不利于程序的修改和维护。因此，需要使用多文件开发，即模块化编程，这样不仅便于文件的管理和程序的维护，还可以将程序分为不同的功能模块，由团队中的成员协同进行，大大提高团队开发的效率。

5.5.1　模块化编程的思想

下面用一个简单的例子来介绍如何进行模块化编程。

【例 5-2】　现已定义如下数据结构表示二维的点和二维的向量，给定平面上三点 $A(0, 0)$、$B(2, 1)$、$C(-1, 3)$，试编程分别求向量 $\overrightarrow{AB}$、$\overrightarrow{AC}$ 的模并单位化。

```
typedef struct //结构体数组：二维点、二维向量
{
    double x;
    double y;
}mPoint2D, mVector2D;
```

分析：上述程序可分为数据输入、两点所成向量计算、向量求模及向量单位化四个模块。由于这些模块都是对二维向量的操作，可在一个头文件(mVector2D.h)和一个源文件(mVector2D.cpp)中进行声明和定义，并在源文件 main.cpp 中进行调用，于是可按图 5-5 所示的文件结构创建工程“Chap05”。下面将介绍如何在工程中添加多个头文件和源文件。

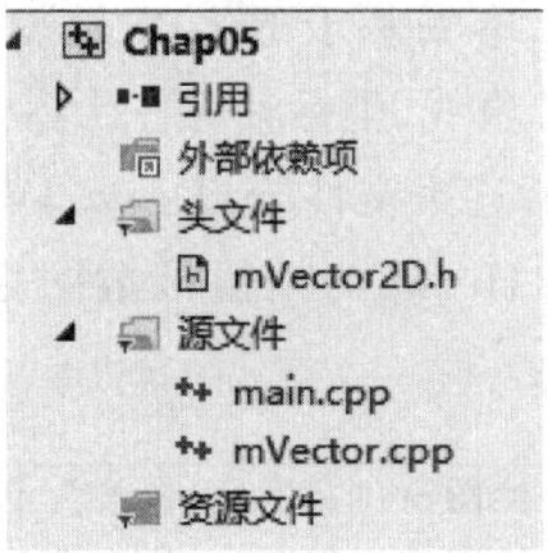

图 5-5　例 5-2 程序文件结构

5.5.2　在工程中添加头文件(.h 文件)

在工程中添加头文件的方法与第 1 章中介绍的添加源文件的方法类似，具体步骤如下：

① 打开“解决方案资源管理器”。

② 右击当前解决方案下的“头文件”，选择“添加”→“新建项”，如图 5-6 所示。

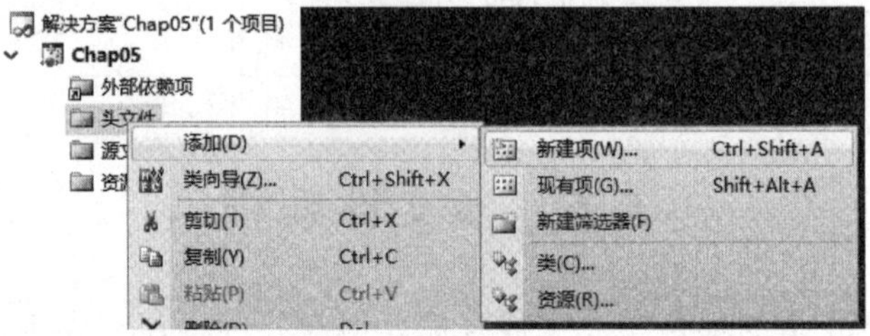

图 5-6　添加新建项

③ 在图 5-7 所示窗口中选择“头文件(.h)”，输入文件名“mVector2D.h”，单击“添加”即可。

图 5-7　选择头文件(.h)并添加

5.5.3　在工程中添加多个源文件(.c 或.cpp 文件)

在本书第 1 章中已经介绍了在工程中添加源文件的方法，这里不再赘述。值得注意的是，初学者往往在无意中会给同一个工程添加多个包含 main 函数的源文件，这将导致编译不通过。

现在继续完成例 5－2，依次添加源文件"mVector2D.cpp"和"main.cpp"。本例中三个文件的内容分别如下：

① "mVector2D.h"：

```
"mVector2D.h"
/* mVector2D */

#ifndef _MVECTOR2D_H
#define _MVECTOR2D_H

typedef struct                  // 结构体数组，存储二维点或向量
{
    double x;
    double y;
}mPoint2D, mVector2D;
void mInputPnts(mPoint2D * pnts, int n);                    // 输入点
mVector2D mGetVector(mPoint2D begin, mPoint2D end);  //计算两点所成向量
double mGetLength(mVector2D v);                       // 向量的模
mVector2D mGetUnitVector(mVector2D v, double eps);    // 向量单位化

#endif
```

② "mVector2D.cpp"：

```
/* mVector2D.cpp */

#include < stdio.h >
#include < math.h >
#include "mVector2D.h"

void mInputPnts(mPoint2D * pnts, int n)
{
    int i;
    printf("输入三个点坐标：\n");
    for (i = 0; i < 3; i++)
    {
        scanf("%lf %lf", &pnts[i].x, &pnts[i].y);
    }
}

mVector2D mGetVector(mPoint2D begin, mPoint2D end)
{
    mVector2D v;
```

```
    v.x = end.x - begin.x;
    v.y = end.y - begin.y;
    return v;
}

double mGetLength(mVector2D v)
{
    double len = 0.;
    len = sqrt(v.x * v.x + v.y * v.y);
    return len;
}
mVector2D mGetUnitVector(mVector2D v, double eps)
{
    double l = mGetLength(v);
    if (fabs(l) < eps)
    {
        v.x = 0.;
        v.y = 0.;
    }
    else
    {
        v.x /= l;
        v.y /= l;
    }
    return v;
}
```

③ “main. cpp”:

```
/* main.cpp */

#include "mVector2D.h"
#define EPS 1e-12

int main()
{
    mPoint2D p[3];
    mVector2D v[2];
    double l[2];
    int i;
    mInputPnts(p, 3);
    for (i = 0; i < 2; i++)
    {
        v[i] = mGetVector(p[0], p[i + 1]);
        l[i] = mGetLength(v[i]);
        v[i] = mGetUnitVector(v[i], EPS);
    }
    return 0;
}
```

【例 5-3】　现有一个函数表如表 5-1 所列，取步长为 0.001，试采用连接小直线段的方式绘制 Hermite 插值函数图像，并标出插值点。

表 5-1　函数表

i	x_i	y_i	y_i'
0	0	2	0
1	1	3	−1

可按如图 5-8 所示的文件结构创建工程“Chap05_myDraw2D”。

图 5-8　例 5-3 程序文件结构

以下为程序中各文件的内容：

①“myDraw2D.h”：

```
/* myDraw2D.h */
#ifndef _MYDRAW2D_H
#define _MYDRAW2D_H

#include <math.h>
#include <stdio.h>
#include "plot.h"

double myHermite(int n, double x, double* X, double* Y, double* dY);
void myGetRangeY(double a, double b, double step, double& min, double& max, int n, double* X, double* Y, double* dY);
void myDraw2DH(int width,              // 绘图窗口宽度(以像素为单位)
    int height,                        // 绘图窗口高度(以像素为单位)
    COLORREF color,                    // 插值曲线的颜色
    double a,                          // 插值区间下限
    double b,                          // 插值区间上限
    double* X,                         // 插值节点
    double* Y,                         // 插值点函数值
    double* dY,                        // 插值点导数值
    int n,                             // 插值点个数
    double step,                       // 插值步长
    double tol);                       // 区间长度的最小值
#endif
```

② “myFx. h”:

```
/* myFx.h */
#ifndef _MYFX_H
#define _MYFX_H

#define PI 3.14159265
typedef double(*funP) (double);
double myFx(double x);

#endif
```

③ “myDraw2D. cpp”:

```
/* myDraw2D.cpp */

#include "myDraw2D.h"

double myHermite(int n, double x, double* X, double* Y, double* dY)
{
    double h, sum;
    double y = 0.;
    int i, j;
    for (i = 0; i < n; i++)
    {
        h = 1.0;
        sum = 0.0;
        for (j = 0; j < n; j++)
        {
            if (i != j)
            {
                h *= (x - X[j]) / (X[i] - X[j]);
                h = h * h;
                sum += 1.0 / (X[i] - X[j]);
            }
        }
        y += h * ((X[i] - x) * (2 * sum * Y[i] - dY[i]) + Y[i]);
    }
    return y;
}

void myGetRangeY(double a, double b, double step, double& min, double& max,
    int n, double* X, double* Y, double* dY)
{
    double x = a, y;
    min = myHermite(n, x, X, Y, dY);
```

```
    max = myHermite(n, x, X, Y, dY);

    while (x < = b)
    {
        x += step;
        y = myHermite(n, x, X, Y, dY);
        if (y < min)
        {
            min = y;
        }
        if (y > max)
        {
            max = y;
        }
    }
}

void myDraw2DH(int width,                // 绘图窗口宽度(以像素为单位)
    int height,                          // 绘图窗口高度(以像素为单位)
    COLORREF color,                      // 插值曲线的颜色
    double a,                            // 插值区间下限
    double b,                            // 插值区间上限
    double * X,                          // 插值节点
    double * Y,                          // 插值点函数值
    double * dY,                         // 插值点导数值
    int n,                               // 插值点个数
    double step,                         // 插值步长
    double tol)                          // 区间长度的最小值
{
    int i;
    double t, dx = 0, dy = 0;
    if (fabs(a - b) < tol) {
        printf("区间长度过小！\n");
        return;
    }
    // 确保插值区间为[a, b]
    if (a > b) {
        t = a;
        a = b;
        b = t;
    }
    double x1, x2, yMin, yMax, y1, y2;

    // 获取插值函数的 Y 轴范围
```

```
    myGetRangeY(a, b, step, yMin, yMax, n, X, Y, dY);
    // 初始化绘图窗口
    PlotInit({ a - (b - a) * 0.2,b + (b - a) * 0.2, yMin - (yMax - yMin) * 0.2,yMax + (yMax - 
yMin) * 0.2, }, width, height, WHITE);
    // 用白色背景清屏
    PlotClear();
    // 绘制函数图像
    x1 = a;
    y1 = myHermite(n, x1, X, Y, dY);
    x2 = a;
    while (x2 < b) {
        x2 += step;
        y2 = myHermite(n, x2, X, Y, dY);
        PlotSegment({ x1,y1 }, { x2,y2 }, 1, BLUE);
        x1 = x2;
        y1 = y2;
    }
    // 用黑色小圆点显示插值点
    for (i = 0; i < n; i++) {
        PlotPoint({ X[i] ,Y[i] }, 8, BLACK, CIRCLE_SOLID);
    }
    // 确定坐标轴间距
    double xTickStep, yTickStep;
    xTickStep = (b - a) / 10;
    yTickStep = (yMax - yMin) / 10;
    // 显示坐标轴
    PlotAxis({ a - (b - a) * 0.05,yMin - (yMax - yMin) * 0.05 }, xTickStep, yTickStep, 2, 
BLUE, RED);
}
```

④ “myFx. cpp”:

```
/ * myDraw2D. cpp * /

double myFx(double x)
{
    return x * x + 1;
}
```

⑤ “main. cpp”:

```
/ * main. cpp * /

#include "myDraw2D. h"
#include "myFx. h"
```

```
#define EPS 1e-12

int main()                                      // 主函数
{
    funP fp;
    int width = 800, height = 600;              // 窗口大小
    int i, n;                                   // n个插值点
    double x, y, *X, *Y, *dY, a, b;
    fp = myFx;

    printf ("埃尔米特插值法.\n输入插值点的个数n:");
    scanf("%d", &n);

    X = new double[n];
    Y = new double[n];
    dY = new double[n];
    printf("输入插值条件:\n");
    for (i = 0; i < n; i++)
    {
        scanf("%lf %lf %lf", &X[i], &Y[i], &dY[i]);
    }
    printf("输入x以计算插值:");
    scanf("%lf", &x);
    y = myHermite(n, x, X, Y, dY);
    printf("%.4f处的近似值为%.6f\n", x, y);
    printf ("输入插值区间:");
    scanf("%lf %lf", &a, &b);
    myDraw2DH(width, height, BLACK, a, b, X, Y, dY, n, 0.001, EPS);

    _getch();
    closegraph();                               //关闭图形界面
    delete[]X;
    delete[]Y;
    delete[]dY;

    return 0;
}
```

程序运行结果如图 5-9 所示。

```
埃尔米特插值法.
输入插值点的个数n:2
输入插值条件:
0 2 0
1 3 -1
输入x以计算插值:0.5
0.5000处的近似值为2.625000
输入插值区间:0 1
```

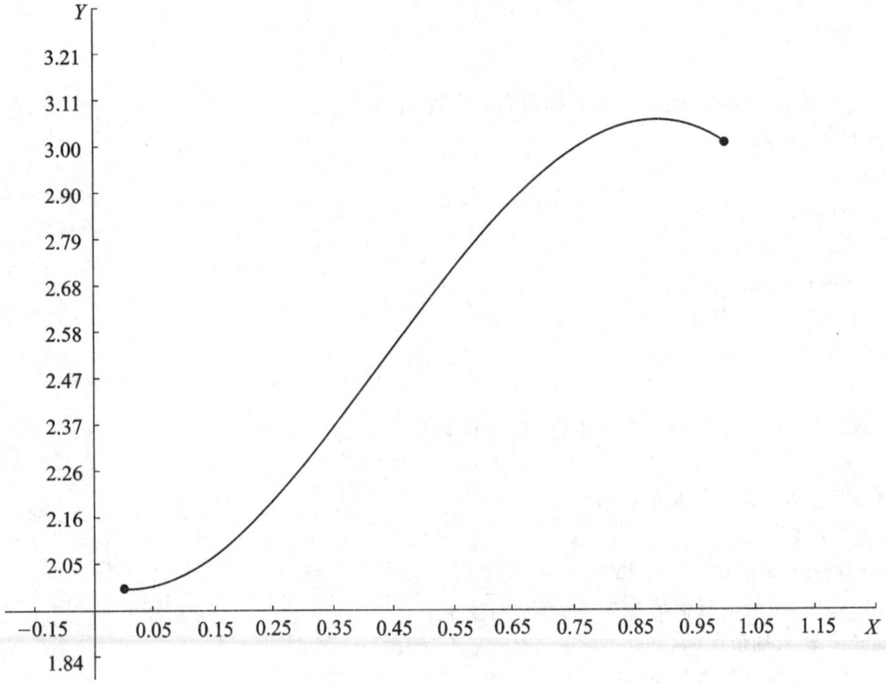

图 5-9 例 5-3 程序 EazyX 绘制结果

5.6 课后习题

一、填空题

1. 最小二乘法要求逼近函数在数据点处________达到最小。

2. 插值与逼近统称为________。

3. 对 $n+1$ 个数据点进行多项式插值时,需要构造________次多项式。

4. 拉格朗日基函数 $l_i(x)=$________。

5. 伯恩斯坦基函数 $B_{i,n}(t)=$________。$\sum\limits_{i=0}^{n} B_{i,n}(t)=$________。

二、改错题

1. 现欲实现"在指定区间[a,b]上绘制函数的 Fx 图像",参考例 5-2 中给出的程序代码编写程序。将利用宏分别定义函数 $f(x)$和圆周率 π,并将绘图过程的代码进行改写,如下所示。其中存在一些错误或不合理之处,请指出并改正。

```
#define myFx(X) X * X + 1
#define PI 3.14159265;

void myDraw2DFx( int width,               // 绘图窗口宽度(以像素为单位)
                 int height,              // 绘图窗口高度(以像素为单位)
                 COLORREF color,          // 插值曲线的颜色
                 double a,                // 插值区间下限
                 double b,                // 插值区间上限
                 double step,             // 绘图步长
                 double tol)              // 区间长度的最小值
{
    double x1, y1, x2, y2;
    //……

    //绘制函数图像
    x1 = a;
    y1 = myFx(x1);
    while (x2 < = b)
    {
        y2 = myFx(x2 + step);
        x2 = step;
        line(x_multi * x1, y_multi * y1, x_multi * x2, y_multi * y2);
        x1 = x2;
        y1 = y2;
    }
    //……
}
```

三、简答题

1. 什么是多项式插值？多项式插值有何特点？

2. 设$\{x_i\}_{i=0}^{n}$是$n+1$个互异的节点，$l_j(x)$是拉格朗日插值函数，证明：

$$\sum_{j=0}^{n} l_j(x) \equiv 1$$

3. 试构造一个多项式$f(x)$，使之在0、1处的函数值及其一阶导数、二阶导数分别为$f_{(0)}^{(0)}$、$f_{(0)}^{(1)}$、$f_{(0)}^{(2)}$、$f_{(1)}^{(0)}$、$f_{(1)}^{(1)}$、$f_{(1)}^{(2)}$。

4. 请总结本章提到的各种插值方法的特点。

5. 试分析：在给定相同的插值条件$\{(x_i, y_i)\}_{i=0}^{n}$，$x_i \neq x_j\ (0 \leqslant i < j \leqslant n)$时，多项式插值中的直接法与拉格朗日插值法计算的插值多项式是否相同，并说明理由。

6. 试证明伯恩斯坦基具有规范性，即

$$\sum_{k=0}^{n} B_{k,n}(t) = 1$$

7. 分析有参数宏定义与函数的区别。

四、编程题

1. 用迈克尔逊干涉仪测激光波长时，记录下每“吞吐”100 个亮条纹的读数如表 5-2 所列。试结合物理学相关知识构造拟合直线 $y=ax+b$，用 C 语言编程实现最小二乘算法，绘制拟合函数图像并计算激光波长。

表 5-2 迈克尔逊干涉仪读数

序 号	1	2	3	4	5
波长/mm	30.864 81	30.896 31	30.928 20	30.959 88	30.992 00
序 号	6	7	8	9	10
波长/mm	31.023 21	31.054 78	31.088 62	31.120 47	31.152 16

2. 用 C 语言实现 n 次拉格朗日插值多项式 $L(x)$ 的计算，插值函数原型为 int LagPolynomial(int n, double *X, double *Y, double *a)，其中，X 为插值节点数组：$x_0<x_1<\cdots<x_n$；Y 为函数值数组：$y_0,y_1,\cdots,y_n$。函数返回 n 次插值多项式系数数组 a。

3. 将区间[-5, 5]进行 n 等分，分别取 $n=10,20$，对函数 $y=(1+x^2)^{-1}$ 做拉格朗日插值，绘制插值函数图像，观察龙格现象。

5.7 上机任务

已知函数的函数表如下：

x	10	11	12	13	14
$y=\ln(x)$	2.302 6	2.397 9	2.484 9	2.564 9	2.639 1

试在同一坐标系中绘制拉格朗日插值函数在区间[10,14]上的图像，标出插值点，分别计算插值函数在 10.5、11.5、12.5、13.5 处的误差，找出绝对值最大的误差对应的 x。

第 6 章　数值积分

【实践任务】

① 明确数值积分在实际工程计算中的意义，掌握数值积分的基本思想；

② 掌握插值型求积公式的基本形式及误差估计；

③ 掌握梯形求积公式、辛普森求积公式，以及复化梯形公式、复化辛普森公式；

④ 掌握基于复化梯形公式的变步长积分方法；

⑤ 掌握蒙特卡洛方法；

⑥ 比较不同数值积分方法的特点，使用数值积分方法解决实际问题。

6.1　概　述

若函数 $f(x)$ 在区间 $[a,b]$ 上连续，$F(x)$ 是它的一个原函数，则可用牛顿-莱布尼茨(Newton-Leibniz)公式

$$\int_a^b f(x)\mathrm{d}x = F(b) - F(a) \tag{6.1}$$

计算定积分。然而在实际工程问题中，许多函数的原函数往往难以求得，导致无法使用式(6.1)计算定积分。一般有以下三种情况：

① 函数的不定积分十分复杂，如：函数 $\sqrt{a+bx+cx^2}$ 的不定积分为

$$\frac{2cx+b}{4c}\sqrt{a+bx+cx^2}+\frac{a}{2\sqrt{c}}\ln\left(\frac{b+2cx}{2\sqrt{c}}+\sqrt{a+bx+cx^2}\right)-$$

$$\frac{b^2}{8\sqrt{c^3}}\ln\left(\frac{b+2cx}{2\sqrt{c}}+\sqrt{a+bx+cx^2}\right)$$

② 函数的不定积分无法以初等函数的有限形式表示，如：不定积分 $\int \frac{\sin x}{x}\mathrm{d}x$。

③ 函数以函数表或图形的形式表示，没有解析表达式。

上述三种情况在工程实际中都十分常见，且均难以用式(6.1)计算定积分。因此，研究简单、高效的定积分计算方法(即数值积分方法)是十分必要的。

6.2　数值积分的基本思想

定积分 $\int_a^b f(x)\mathrm{d}x$ 的几何意义是曲线 $f(x)$、x 轴及直线 $x=a$、直线 $x=b$ 围成的曲边梯形的面积。无论被积函数以何种形式表示，只要设法构造一个简单函数，近似地计算出这个曲边梯形的面积，就可以求出定积分，这就是数值积分的基本思想。

对于定积分 $I=\int_a^b f(x)\mathrm{d}x$，若在积分区间 $[a,b]$ 上取 $n+1$ 个节点：$a=x_0<x_1<\cdots<x_n<x_{n+1}=b$，则曲边梯形面积可近似为这 $n+1$ 个节点处函数值的线性组合，即

$$I=\int_a^b f(x)\mathrm{d}x \approx \sum_{k=0}^{n} A_k f(x_k) \tag{6.2}$$

式(6.2)称为一般求积公式。其中，A_k 为求积系数，x_k 为求积节点。求积系数 A_k 仅与节点 x_k 的选取有关，不依赖于 $f(x)$。

若 $f(x)$ 为多项式，对于不高于 m 次的 $f(x)$，求积公式精确成立；而对于高于 m 次的 $f(x)$，求积公式均不精确成立，则称该求积公式具有 m 次代数精度。

6.3 插值型求积公式

若用拉格朗日插值公式

$$L_n(x)=\sum_{k=0}^{n} l_k(x) f(x_k) \tag{6.3}$$

近似地替代 $f(x)$，则有

$$I=\int_a^b f(x)\mathrm{d}x \approx \int_a^b L_n(x)\mathrm{d}x=\sum_{k=0}^{n}\left[f(x_k)\int_a^b l_k(x)\mathrm{d}x\right] \tag{6.4}$$

记 $\lambda_k=\int_a^b l_k(x)\mathrm{d}x$，可将定积分 I 近似表示为

$$I=\int_a^b f(x)\mathrm{d}x \approx \sum_{k=0}^{n}\lambda_k f(x_k) \tag{6.5}$$

式(6.5)称为插值型求积公式，余项为

$$R(f)=\int_a^b f(x)\mathrm{d}x-\int_a^b L_n(x)\mathrm{d}x=\int_a^b \frac{f^{(n+1)}(\xi)}{(n+1)!}\omega_{n+1}(x)\mathrm{d}x \tag{6.6}$$

式中，$\xi\in(a,b)$ 取决于 x。

6.3.1 梯形公式

以 a、b 为节点构造线性插值多项式

$$P_1(x)=\frac{x-b}{a-b}f(a)+\frac{x-a}{b-a}f(b) \tag{6.7}$$

可得

$$\int_a^b P_1(x)\mathrm{d}x=\frac{1}{2}(b-a)\,[f(a)+f(b)] \tag{6.8}$$

于是有

$$\int_a^b f(x)\mathrm{d}x \approx \frac{1}{2}(b-a)\,[f(a)+f(b)] \tag{6.9}$$

式(6.9)称为梯形求积公式，如图 6-1 所示。

6.3.2 辛普森(Simpson)公式

若以 a、$c=\dfrac{a+b}{2}$、b 三点为插值节点构造二次插值多项式：

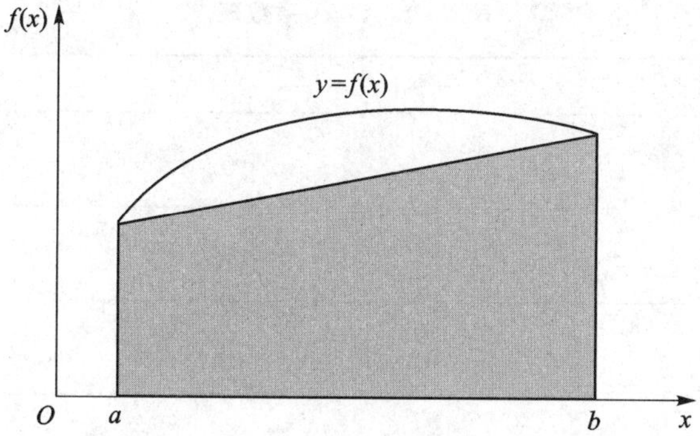

图 6-1　梯形求积公式

$$P_2(x)=\frac{(x-b)(x-c)}{(a-b)(a-c)}f(a)+\frac{(x-a)(x-c)}{(b-a)(b-c)}f(b)+\frac{(x-a)(x-b)}{(c-a)(c-b)}f(c) \tag{6.10}$$

可得

$$\int_a^b P_2(x)\mathrm{d}x=\frac{b-a}{6}[f(a)+4f(c)+f(b)] \tag{6.11}$$

于是有

$$\int_a^b f(x)\mathrm{d}x\approx\frac{b-a}{6}[f(a)+4f(c)+f(b)] \tag{6.12}$$

式(6.12)称为辛普森求积公式，如图 6-2 所示。

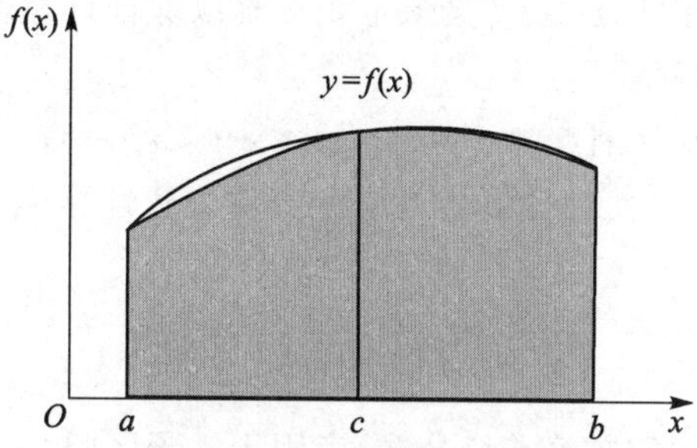

图 6-2　辛普森求积公式

6.3.3　柯茨(Cotes)系数

实际上，可以计算出插值型积分公式的求积系数 λ_k。

$$\lambda_k=\int_a^b l_k(x)\mathrm{d}x=\int_a^b\prod_{j=0,j\neq k}^{n}\frac{x-x_j}{x_k-x_j}\mathrm{d}x=\int_a^b\prod_{j=0,j\neq k}^{n}\frac{x-x_j}{x_k-x_j}\mathrm{d}x \tag{6.13}$$

若记 $x=a+th,h=\dfrac{b-a}{n}$，则

$$\lambda_k=(b-a)\frac{(-1)^{n-k}}{nk!\,(n-k)!}\int_0^n\prod_{j=0,j\neq k}^{n}(t-j)\,\mathrm{d}t=(b-a)C_k^{(n)} \tag{6.14}$$

式中，$C_k^{(n)}$ 称为 Cotes 系数，取前 8 次的系数，如表 6-1 所列。

表 6-1 Cotes 系数表

n	$C_k^{(n)}$								
1	$\frac{1}{2}$	$\frac{1}{2}$							
2	$\frac{1}{6}$	$\frac{4}{6}$	$\frac{1}{6}$						
3	$\frac{1}{8}$	$\frac{3}{8}$	$\frac{3}{8}$	$\frac{1}{8}$					
4	$\frac{7}{90}$	$\frac{32}{90}$	$\frac{12}{90}$	$\frac{32}{90}$	$\frac{7}{90}$				
⋮	⋮								
7	$\frac{751}{17\,280}$	$\frac{3\,577}{17\,280}$	$\frac{1\,323}{17\,280}$	$\frac{2\,989}{17\,280}$	$\frac{2\,989}{17\,280}$	$\frac{1\,323}{17\,280}$	$\frac{3\,577}{17\,280}$	$\frac{751}{17\,280}$	
8	$\frac{989}{28\,350}$	$\frac{5\,888}{28\,350}$	$\frac{-928}{28\,350}$	$\frac{10\,496}{28\,350}$	$\frac{-4\,540}{28\,350}$	$\frac{10\,496}{28\,350}$	$\frac{-928}{28\,350}$	$\frac{5\,888}{28\,350}$	$\frac{989}{28\,350}$

可以看到当 n 取 1 和 2 时，Cotes 系数与式(6.9)和式(6.12)中的系数一致。当 $n\geqslant 8$ 时，系数开始出现负数，此时的计算将不稳定，所以实际应用中为提高计算精度，一般不取高次的插值型求积公式，代之以如下所示的复化求积方法。

6.3.4 复化求积方法

若积分区间较长，则利用式(6.5)直接求定积分难以保证计算精度。通常可采取复化求积方法提高计算精度，基本思想如下：

① 将区间 $[a,b]$ n 等分，分割点为 $a=x_0<x_1<\cdots<x_n=b$；

② 在子区间 $[x_k,x_{k+1}]$ 上使用梯形公式或辛普森公式计算 I_k；

③ 将所有 I_k 求和，得

$$I=\int_a^b f(x)\mathrm{d}x \approx \sum_{k=0}^{n-1} I_k \tag{6.15}$$

按照上述步骤，将梯形公式(或辛普森公式)应用于各子区间 $[x_k,x_{k+1}]$ $(k=0,1,\cdots,n-1)$，得到的公式称为复化梯形公式(见式(6.16))(或复化辛普森公式(见式(6.18)))。

$$T_n=\frac{h}{2}\left[f(a)+2\sum_{i=1}^{n-1} f(x_i)+f(b)\right] \tag{6.16}$$

其余项为

$$R_T=I-T_n=-\frac{b-a}{12}h^2 f''(\eta),\quad \eta\in[a,b] \tag{6.17}$$

$$S_n=\frac{h}{6}\left[f(a)+4\sum_{i=0}^{n-1} f(x_{i+\frac{1}{2}})+2\sum_{i=1}^{n-1} f(x_i)+f(b)\right] \tag{6.18}$$

其余项为

$$R_S=I-S_n=-\frac{b-a}{180}\left(\frac{h}{2}\right)^4 f^{(4)}(\eta),\quad \eta\in[a,b] \tag{6.19}$$

为便于编程实现，还可将式(6.18)改写为

$$S_n = \frac{h}{6}\left\{f(b) - f(a) + 2\sum_{i=0}^{n-1}\left[2f(x_{i+\frac{1}{2}}) + f(x_i)\right]\right\} \tag{6.20}$$

6.4　变步长积分法

使用复化求积公式时，需要选择合适的求积步长，步长太小会增加计算量，步长太大则难以确保精度。然而，要想事先给定一个合适的步长往往是十分困难的。由此引入了变步长积分法。

变步长积分的基本思想是：将积分区间逐次对分，比较前后两次的计算结果，若二者足够接近到满足精度要求即停止；否则再次对分，直至满足精度要求。变步长积分是将区间逐次对分而来，可利用递推公式避免对节点的重复计算，大大减少计算量。利用复化梯形公式(6.16)求积有如下递推关系：

$$T_{2n} = \frac{h}{2}\sum_{k=0}^{n-1} f\left(\frac{x_k + x_{k+1}}{2}\right) + \frac{T_n}{2} \tag{6.21}$$

【例 6-1】　给定收敛精度 $\varepsilon = 10^{-6}$，分别用梯形公式、辛普森公式及基于梯形公式的变步长积分法计算定积分 $\int_0^1 e^{-x^2}\,dx$。

程序代码如下：

```
#include < stdio.h >
#include < math.h >
#include < stdbool.h >

#define EPS 1e-6
#define MAXIT 100

typedef double( * funP) (double x);                    // 指向函数 f(x)的函数指针
double myTrapezoid(funP f, double a, double b);        // 梯形公式
double mySimpson(funP f, double a, double b);          // 辛普森公式
//变步长积分
bool myVariableStepTrapezoid(funP f, double a, double b, double e, int max, double &I);
double myFun(double x);

int main()
{
    funP fp = myFun;
    double a = 0., b = 1., I1, I2, I3;
    I1 = myTrapezoid(fp, a, b);                        // 梯形公式
    I2 = mySimpson(fp, a, b);                          // 辛普森公式
    myVariableStepTrapezoid(fp, a, b, EPS, MAXIT, I3); // 变步长积分
    return 0;
}
```

```
double myTrapezoid(funP f, double a, double b)
{
    double I;
    I = 0.5 * (b - a) * (f(a) + f(b));
    return I;
}

double mySimpson(funP f, double a, double b)
{
    double I, c = 0.5 * (a + b);
    I = (b - a) / 6. * (f(a) + 4 * f(c) + f(b));
    return I;
}

bool myVariableStepTrapezoid(funP f, double a, double b, double e, int max, double &I)
{
    int i, k, n = 1;
    double h, T2n, Tn = 0.;

    h = b - a;
    Tn = myTrapezoid(f, a, b);
    for (i = 0; i < max; i++)
    {
        T2n = 0.;
        for (k = 0; k < n; k++)
            T2n += f(a + (k + 0.5) * h);
        T2n = (T2n * h + Tn) / 2.;
        if (fabs(T2n - Tn) < e)
        {
            I = T2n;
            return true;
        }
        Tn = T2n;
        h /= 2.;
        n += n;
    }
    return false;
}

double myFun(double x)
{
    double y;
    y = exp(-x * x);
    return y;
}
```

6.5　蒙特卡洛方法

蒙特卡洛(Monte Carlo)方法出现于 20 世纪 40 年代中期，这是一种基于概率统计大数法则的新型数值积分算法。以一重积分为例，采用蒙特卡洛方法计算数值积分的基本思想如下：

在区间$[a,b]$上均匀、随机地选取 M 个数$\{x_k\}$，显然有

$$I=\int_a^b f(x)\mathrm{d}x \approx \frac{b-a}{M}\sum_{k=1}^{M} f(x_k) \tag{6.22}$$

当 M 足够大时，通过上式可以得到精度较高的积分值。对于一重积分而言，经典数值积分算法比蒙特卡洛方法有效得多；对于多重积分及积分区域不规则的情况，蒙特卡洛方法具有一定的优势。

【例 6-2】　空间中有一个由三个坐标平面与平面 $x=1$、平面 $y=1$ 及曲面 $z=f(x,y)=e^{-(2x+y^2)}$ 围成的柱体零件，试用蒙特卡洛方法近似计算该零件的体积。

程序代码如下：

```
typedef double ( * funP)(double x, double y);
double myMonteCarloFxy(funP fxy, int m, int n, double a, double b, double c, double d)
{
    int i, j;
    double integral = 0;
    for (i = 0; i < m; i++ )
    {
        for (j = 0; j < n; j++ )
        {
            integral += fxy((a + rand01() * (b - a)), (c + rand01() * (d - c)));
        }
    }
    integral = integral * (b - a) * (d - c)/m/n;
    return integral;
}

double rand01()             // 生成 0～1 之间的随机数
{
    return (double) rand()/RAND_MAX;
}
double myFxy(double x, double y)
{
    double z;
    z = exp( - 2. * x + y * y);
    return z;
}
```

6.6 课后习题

一、填空题

1. 插值型求积公式余项________。

2. 梯形公式________。

3. 辛普森公式________。

4. 求积公式 $\int_0^1 f(x)\mathrm{d}x \approx \frac{2}{3}f(0)+\frac{1}{3}f(1)+\frac{1}{6}f'(0)$ 具有________次代数精度。

5. 一般求积公式(见式(6.1))至少具有 n 次代数精度的充分必要条件是:该公式为________。

二、简答题

1. 一般求积公式 $\int_a^b f(x)\mathrm{d}x \approx \sum_{i=0}^{n} A_i f(x_i)$ 满足什么条件时可被称为具有 m 次代数精度?

2. 求 A_0、A_1、A_2,使下列求积公式具有尽可能高的代数精度,并说明此时求积公式的代数精度:

(1) $\int_0^1 f(x)\mathrm{d}x \approx A_0 f(0)+A_1 f(1)+A_2 f'(1)$;

(2) $\int_{-a}^{a} f(x)\mathrm{d}x \approx A_0 f(-a)+A_1 f(0)+A_2 f(a)$;

(3) $\int_0^{3a} f(x)\mathrm{d}x \approx A_0 f(0)+A_1 f(a)+A_2 f(2a)$。

3. 试推导复化辛普森求积公式的余项。

4. 分别用复化梯形公式和复化辛普森公式计算定积分 $\int_1^2 \mathrm{e}^x\mathrm{d}x$。请问:应分别将区间[1,2]等分成多少份才能使截断误差不超过 $\frac{1}{2}\times 10^{-5}$?

5. 判断辛普森 3/8 公式 $\int_0^3 f(x)\mathrm{d}x \approx \frac{3}{8}[f(0)+3f(1)+3f(2)+f(3)]$ 的代数精度。

6. 利用 3 次拉格朗日插值公式推导数值积分公式:$\int_a^b f(x)\mathrm{d}x \approx \frac{b-a}{8}[f(a)+3f(c)+3f(d)+f(b)]$,其中,$c=\frac{2a+b}{3}$,$d=\frac{a+2b}{3}$ 为区间[a,b]上的 3 等分点。

7. 试用伯恩斯坦基函数构造数值积分方法,并对所得结果进行分析。

8. 试用泰勒展开式分析下列数值微分公式的精度:

(1) $f'(x)\approx\frac{f(x+\Delta x)-f(x)}{\Delta x}$;

(2) $f'(x)\approx\frac{f(x+\Delta x)-f(x-\Delta x)}{2\Delta x}$。

9. 当插值型求积公式中 n 取为 3 时,即为辛普森第二公式;当 $n=4$ 时,即为柯茨(Cotes)

公式。根据表 6-1 直接写出这两个公式，尝试推导其余项、复化形式及余项，以及变步长形式。

三、编程题

1. 分别用复化梯形公式和复化辛普森公式计算下列积分，选择合适的 n，使截断误差不超过 $\frac{1}{2}\times10^{-8}$。

(1) $\pi=\int_0^1 \frac{4}{1+x^2}\mathrm{d}x$

(2) $\int_0^1 \frac{\sin x}{x}\mathrm{d}x$

2. 推导出复化辛普森公式，用 C 语言实现基于该公式的变步长积分算法，给出验证实例。

3. 用变步长积分法求曲线 $y=\pi\cos x$ 在一个周期内的弧长。

4. 计算平面曲线 $\boldsymbol{p}(u)=(1-u)^2\boldsymbol{p}_0+u^2\boldsymbol{p}_1, 0\leqslant u\leqslant 1$ 的弧长，其中，$\boldsymbol{p}_0$、$\boldsymbol{p}_1$ 的坐标分别为 $(-1,2)$、$(2,3)$。

5. 平面曲线 $\boldsymbol{P}$ 为定义在(0.5, 1.5)，(0.6, 1.6)，(2, 2)，(0, 0)四点上的贝塞尔曲线(见 5.3 节)，采用均匀分布的参数 $t=0,1/4,1/2,3/4,1$ 进行定义。试求曲线 $\boldsymbol{P}$ 的弧长。

$$\boldsymbol{P}(t)=\begin{cases}x(t)=0.5+0.3t+3.9t^2-4.7t^3\\ y(t)=1.5+0.3t+0.9t^2-2.7t^3\end{cases}$$

6. 某零件的一段加工路径可描述为如下的三次埃尔米特插值曲线(单位：mm)，机床的进给速度为 100 mm/min，试估算加工耗时，精确到 10^{-2}s。

$$\boldsymbol{P}(t)=\begin{bmatrix}1 & t & t^2 & t^3\end{bmatrix}\begin{bmatrix}1 & 0 & 0 & 0\\ 0 & 1 & 0 & 0\\ -3 & -2 & -1 & 3\\ 2 & 1 & 1 & -2\end{bmatrix}\begin{bmatrix}\boldsymbol{p}(0)\\ \dot{\boldsymbol{p}}(0)\\ \boldsymbol{p}(1)\\ \dot{\boldsymbol{p}}(1)\end{bmatrix},\quad t\in[0,1]$$

式中，$\boldsymbol{p}(0)=[0,100]$，$\dot{\boldsymbol{p}}(0)=[200,100]$，$\boldsymbol{p}(1)=[1\,000,2\,000]$，$\dot{\boldsymbol{p}}(1)=[100,-150]$。

7. 张量积曲面可表示为

$$\boldsymbol{p}=\boldsymbol{p}(u,v)=\sum_{i=0}^{2}\sum_{j=0}^{2}\boldsymbol{b}_{i,j}B_{i,2}(u)B_{j,2}(v),\quad 0\leqslant u,v\leqslant 1$$

式中，$B_{i,2}(u)$、$B_{j,2}(v)$ 为伯恩斯坦基函数，详见本书第 5 章；$\boldsymbol{b}_{i,j}$ 为控制顶点，如表 6-2 所列。

表 6-2　控制顶点坐标

mm

$\boldsymbol{b}_{i,j}$	$b_{i,0}$	$b_{i,1}$	$b_{i,2}$
$b_{0,j}$	(100, 100, 100)	(100, 150, 120)	(100, 200, 100)
$b_{1,j}$	(150, 100, 120)	(150, 150, 150)	(150, 200, 120)
$b_{2,j}$	(200, 100, 100)	(200, 150, 120)	(200, 200, 100)

试编程计算该曲面的面积。

8. 托里拆利小号(见图 6-3)是一个神奇的三维形状，其由 $y=\frac{1}{x}, x\geqslant 1$ 绕 x 轴旋转而成。其拥有无限的面积和有限的体积。

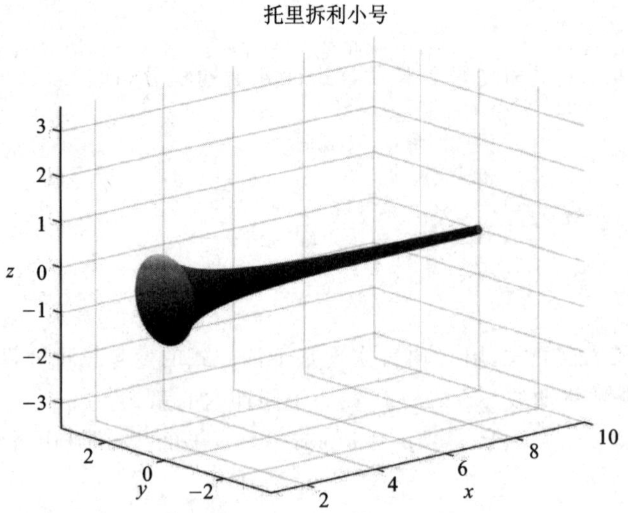

图 6-3　托里拆利小号

利用数值积分方法进行如下探索。

(1) 写出该三维形状面积 S 和体积 V 的积分表达式；

(2) 编写程序，以变步长数值积分算法（基于复化梯形和复化辛普森求积公式或其他更高次的复化积分公式）进行探索，完成表 6-3（算法停止迭代、停止误差均设置为 10^{-6}）。

表 6-3　统计表

积分区间	面积 S	体积 V	基于复化梯形求积公式		基于复化辛普森求积公式	
			迭代次数	被积函数计算次数	迭代次数	被积函数计算次数
[1,10]						
[1,100]						
[1,1 000]						
[1,10 000]						

6.7　上机任务

1. 试用数值积分方法计算如下曲线的弧长及其围成的面积：

$$x^2+y^2=2(x^2-y^2)$$

并将上述曲线绕 y 轴旋转 180°，求所得旋转体的体积。要求截断误差均不超过 $\frac{1}{2}\times 10^{-8}$。

2. 运用本章所述数值积分方法，采用三种不同的思路计算圆周率 π 的近似值，精确到小数点后 8 位。

第 7 章　非线性优化

【实践任务】

① 理解函数极值存在的必要条件；

② 掌握黄金分割法，学会用黄金分割法进行一维极值搜索，比较黄金分割法与二分法的特点；

③ 掌握用最速下降法解决多维优化问题；

④ 理解一维搜索方法（如黄金分割法）在最速下降法中的作用。

7.1　概　述

优化是数学领域中的一个重要分支，它解决的是在可行的求解空间中搜索最优解的问题，其应用已深入工业、经济社会各领域。同时，优化也是数学中一个庞大的体系，本书仅就其中的一部分优化问题展开，以便读者进行更深入的学习。

优化问题有三个要素：① 决策变量；② 目标函数；③ 约束条件。其一般形式为

$$\begin{cases} \min & f(\boldsymbol{x}) \\ \text{s.t.} & g_i(\boldsymbol{x}) \geqslant 0, \quad i=1,2,\cdots,m \\ & h_j(\boldsymbol{x})=0, \quad j=1,2,\cdots,l \end{cases} \tag{7.1}$$

式中，$\boldsymbol{x}=(x_1,x_2,\cdots,x_n)$称为决策变量，$f(\boldsymbol{x})$称为目标函数，是满足一定要求的多元函数，即$f(\boldsymbol{x})$：$\mathbf{R}^n \to \mathbf{R}$；$g_i(\boldsymbol{x}) \geqslant 0$ 和 $h_j(\boldsymbol{x})=0$ 称为约束条件。记所有满足约束条件的 $\boldsymbol{x}$ 的集合为 D，称为可行域，其中的每一个点 $\boldsymbol{x} \in D$ 称为可行点。若目标函数或约束条件中包含非线性函数，则此优化问题称为非线性优化问题。

定义 7.1　设 $\boldsymbol{x}^* \in \mathbf{R}^n$（约束优化问题中为 $\boldsymbol{x}^* \in$ 可行域 D），若存在 $\delta>0$，当 $0<|\boldsymbol{x}-\boldsymbol{x}^*|<\delta$ 时，总有 $f(\boldsymbol{x}^*) \leqslant f(\boldsymbol{x})$，则称 $\boldsymbol{x}^*$ 为 $f(\boldsymbol{x})$的局部极小值点。

将定义 7.1 推广到整个可行域，则可以得到全局极小值点的定义。

定义 7.2　对任意 $\boldsymbol{x}^* \in \mathbf{R}^n$（约束优化问题中为 $\boldsymbol{x}^* \in D$），如果恒有 $f(\boldsymbol{x}^*) \leqslant f(\boldsymbol{x})$，则称 $\boldsymbol{x}^*$ 为 $f(\boldsymbol{x})$的全局极小值点。

7.2　极值存在的必要条件

设一元函数 $f(x)$在区间(a,b)内存在连续的一阶导数，x_0 是 $f(x)$在区间(a,b)内的极小值点。根据极小值的定义，存在 δ，使得

$$\frac{f(x_0+\delta)-f(x_0)}{\delta} \leqslant 0, \quad \delta<0$$

$$\frac{f(x_0+\delta)-f(x_0)}{\delta} \geqslant 0, \quad \delta>0$$

于是

$$\lim_{\delta \to 0} \frac{f(x_0+\delta)-f(x_0)}{\delta}=0$$

即 $f'(x_0)=0$。由此得函数 $f(x)$取极小值时的导数为 0。可将该结论推广到多元函数 $f(\boldsymbol{x})$。

定理 7.1 设函数 $f(\boldsymbol{x}): D \subset \mathbf{R}^n \to \mathbf{R}$，$f(\boldsymbol{x})$在开集 D 内有连续的一阶导数，若有 $\boldsymbol{x}^{(0)} \in D$ 是 $f(\boldsymbol{x})$的极小值点，则$\nabla f(\boldsymbol{x}^{(0)})=\mathbf{0}$。$\nabla f(\boldsymbol{x})$是由 $f(\boldsymbol{x})$的一阶偏导数组成的矢量函数，称为 $f(\boldsymbol{x})$的梯度。

$$\nabla f(\boldsymbol{x})=\left(\frac{\partial f}{\partial x_1},\frac{\partial f}{\partial x_2},\cdots,\frac{\partial f}{\partial x_n}\right)^{\mathrm{T}}$$

7.3 一维优化问题的求解方法

如果目标函数 $f(x)$为 x 的一元函数，则称该优化问题为一维优化问题。一维优化问题的求解即一维搜索。常用的一维搜索方法有：交叉试探法、黄金分割法、进退法、抛物线法等。本节将对交叉试探法、黄金分割法进行详细介绍，其他一维搜索方法请读者自行参考相关资料。

7.3.1 交叉试探法

黄金分割法是在单峰区间内进行的一维极值搜索算法，因此，在使用黄金分割法进行一维极值搜索之前，需要先确定极值点所在的单峰区间。单峰区间可由交叉试探法确定，基本步骤如下：

① 给定初始点 x_1、初始步长 Δ，计算 x_1 处的函数值 f_1；

② 令 $x_2=x_1+\Delta$，计算 x_2 处的函数值 f_2；

③ 若 $f_2 \leqslant f_1$，则转至步骤⑤；

④ 交换 x_1 和 x_2，f_1 和 f_2，令 $\Delta=-\Delta$；

⑤ 令 $\Delta=\gamma\Delta$，$x_3=x_2+\Delta$，计算 x_3 处的函数值 f_3；

⑥ 若 $f_3>f_2$，则转至步骤⑧；

⑦ 令 $f_1=f_2$，$x_1=x_2$，$f_2=f_3$，$x_2=x_3$，转至步骤⑤；

⑧ x_1、x_2、x_3 对应函数值满足 $f_1 \geqslant f_2 < f_3$（三点模式），由此确定单峰区间为(x_1, x_3)。

一般情况下，可设步骤⑤中的 $\gamma=2$，即每次迭代的步长都是上一次的 2 倍；有时也令 $\gamma=1.618$，即黄金分割率。交叉试探法的基本步骤如图 7-1 所示。

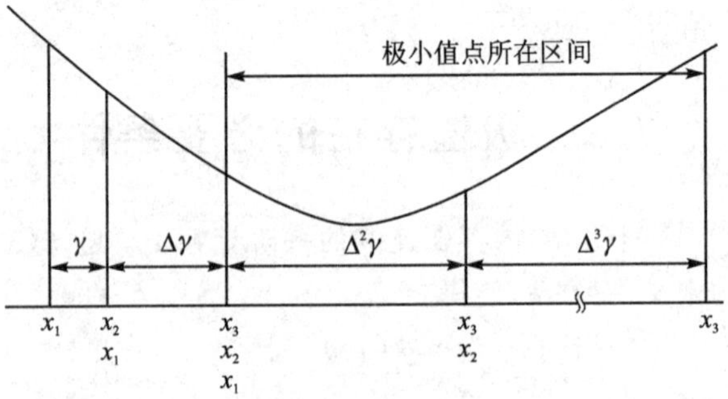

图 7-1 交叉试探法基本步骤

7.3.2 黄金分割法

黄金分割法的基本思路如下：

对于搜索区间$[a_0,b_0]$上的单峰函数 $y=f(x)$，在第 i 次迭代时，取两个试探点 $\lambda_i,\mu_i\in[a_i,b_i]$，且 $\lambda_i<\mu_i$。比较两个试探点处的函数值 $f(\lambda_i)$、$f(\mu_i)$，有以下两种情形：

① 若 $f(\lambda_i)<f(\mu_i)$，令 $a_{i+1}=a_i,b_{i+1}=\mu_i$；

② 若 $f(\lambda_i)\geqslant f(\mu_i)$，令 $a_{i+1}=\lambda_i,b_{i+1}=b_i$。

由此不断迭代以缩小搜索区间，函数 $f(x)$的极小值将始终包含在新的搜索区间内。在上述迭代过程中，两个试探点 λ_i、μ_i 还应满足下列条件：

① 区间$[a_i,\lambda_i]$与$[\mu_i,b_i]$的长度相等，即 $\lambda_i-a_i=b_i-\mu_i$；

② 每次迭代的区间缩短率相同，即 $b_{i+1}-a_{i+1}=t(b_i-a_i)$，$t$ 为常数。

不妨考虑情形①时，第 $i+1$ 次迭代的搜索区间为$[a_{i+1},b_{i+1}]$，即$[a_i,\mu_i]$，则

$$\mu_{i+1}=a_{i+1}+t(b_{i+1}-a_{i+1})=a_i+t^2(b_i-a_i)$$

为简化中间计算，可令 $\mu_{i+1}=\lambda_i=a_i+(1-t)(b_i-a_i)$，则

$$t^2(b_i-a_i)=(1-t)(b_i-a_i),\quad 即\ t^2=1-t,\quad t>0$$

解得

$$t=\frac{\sqrt{5}-1}{2}\approx 0.618$$

黄金分割算法流程图如图 7-2 所示。

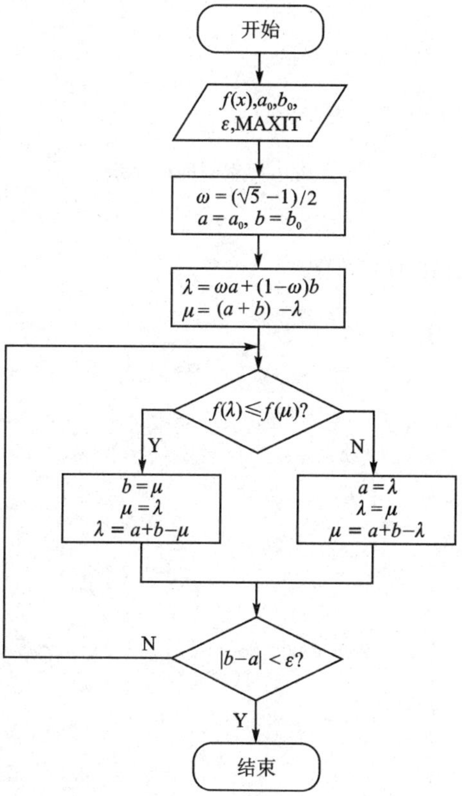

图 7-2　黄金分割算法流程图

【例 7-1】 用黄金分割法寻找函数 $f(x)=x^3-x-1$ 在区间[0,2]上的极小值。

黄金分割算法代码示例：

```
#include <stdio.h>
#include <stdbool.h>
#include <math.h>

#define EPS 1e-5                          // 收敛容差
#define MAXIT 100                         // 最大迭代次数
typedef double(*funP) (double x);         // 指向函数 f(x)的函数指针
/*黄金分割法*/
bool goldenCut( funP fp,
double a0,                                // 区间上限
double b0,                                // 区间上限
double e,                                 // 收敛容差
int max,                                  // 最大迭代次数
double &x);                               // 极小值点
double f(double x);

int main()
{
    int max = MAXIT;
    double a0, b0, e = EPS, x, y;
    funP fp = f;
    printf("请输入初始搜索区间:\n");
    scanf("%lf %lf", &a0, &b0);

    if (goldenCut(fp, a0, b0, e, max, x))
    {
        y = f(x);                         // 输出搜索到的极小值
    }
    else
        printf("达到最大迭代次数! \n");

    return 0;
}

double f(double x)
{
    double y = x * x * x - x - 1.;
    return y;
}

/*黄金分割法*/
bool goldenCut(funP fp, double a0, double b0, double e, int max, double &x)
{
    double w = (sqrt(5.) - 1.) / 2., a = a0, b = b0;
    double lambda, mu;
    int k = 0;
    lambda = w * a + (1 - w) * b;
```

```
    mu = a + b - lambda;                    // 设置两个初始试探点
    do
    {
        if (fp(lambda) < fp(mu))            // 比较并更新两个试探点
        {
            b = mu;
            mu = lambda;
            lambda = a + b - mu;
        }
        else
        {
            a = lambda;
            lambda = mu;
            mu = a + b - lambda;
        }
        k++;                                // 迭代次数加 1
    } while (fabs(b - a) > e);
    if (k <= max)                           // 若迭代成功
    {
        x = (a + b) / 2.;                   // 返回极小值点
        return true;
    }
    else
        return false;
}
```

7.4 多维优化问题的求解方法

当目标函数 $f(\boldsymbol{x})$ 为决策变量 $\boldsymbol{x}=(x_1,x_2,\cdots,x_n)$ 的多元函数时，称该优化问题为多维优化问题，n 即优化问题的维数。多维优化问题的求解方法有很多，对于无约束多维优化问题，可用最速下降法、共轭梯度法、牛顿法等进行求解；对于约束优化问题，可用拉格朗日乘子法、罚函数法、单纯形法等进行求解。本节将对最速下降法和拉格朗日乘子法进行详细介绍。

7.4.1 最速下降法

由微积分的知识可知，负梯度方向就是函数值下降最快的方向，该方向也称为最速下降方向。基于这一原理，可以给出非线性优化的一种方法，称为最速下降法。最速下降法适用于解决多维无约束优化问题，其基本思路如下：

① 选择初始点 $\boldsymbol{x}^{(0)}\in\mathbf{R}^n$，给定容差参数 ε，令 $k=0$。

② 计算该点的负梯度方向 $\boldsymbol{v}^{(k)}=-\nabla f(\boldsymbol{x}^{(k)})$。若 $\|\boldsymbol{v}^{(k)}\|\leqslant\varepsilon$，终止迭代，输出 $x^{(k)}$；否则，继续步骤③。

③ 按照负梯度方向搜索该方向的极小值点 $\boldsymbol{x}^{(k+1)}$。

④ 令 $k=k+1$，转至步骤②。

上述步骤③中的极值点搜索是一维搜索问题：

$$f(\boldsymbol{x}^{(k)}+\alpha^{(k)}\boldsymbol{v}^{(k)})=\min_{\alpha} f(\boldsymbol{x}^{(k)}+\alpha\boldsymbol{v}^{(k)})$$

注：可用上一节中介绍的黄金分割法对 $\alpha^{(k)}$ 进行搜索。

思考：如何对黄金分割法的搜索区间进行初始化？（请参考本章简答题 3。）

下面讨论最速下降法搜索方向的性质。由极值条件，$\alpha^{(k)}$ 应满足

$$\frac{\mathrm{d}}{\mathrm{d}\alpha}f(\boldsymbol{x}^{(k)}+\alpha\boldsymbol{v}^{(k)})\bigg|_{\alpha=\alpha^{(k)}}=[\nabla f(\boldsymbol{x}^{(k)}+\alpha^{(k)}\boldsymbol{v}^{(k)})]^{\mathrm{T}}\boldsymbol{v}^{(k)}=[\nabla f(\boldsymbol{x}^{(k+1)})]^{\mathrm{T}}\boldsymbol{v}^{(k)}=0$$

又

$$\boldsymbol{v}^{(k+1)}=-\nabla f(\boldsymbol{x}^{(k+1)})$$

则

$$[\boldsymbol{v}^{(k+1)}]^{\mathrm{T}}\boldsymbol{v}^{(k)}=0$$

由此可见，相邻两次的搜索方向相互正交。因此，最速下降法的搜索路径呈锯齿形，如图 7－3 所示。这也导致其在开始阶段搜索效率较高，但当到达极值点附近时，可能搜索方向发生振荡，收敛速度极为缓慢。

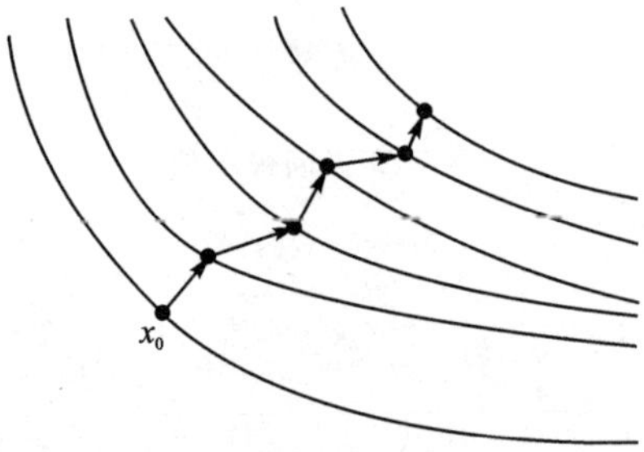

图 7－3　最速下降法搜索路径示意图

最速下降法可以用来求解线性方程组 $\boldsymbol{Ax}=\boldsymbol{B}$。构造二次函数 $f(\boldsymbol{x})=(\boldsymbol{Ax}-\boldsymbol{B},\boldsymbol{Ax}-\boldsymbol{B})$，求解其极值点即为线性方程的解。如图 7－4 所示，当某次迭代的解为 $\boldsymbol{x}^{(k)}$ 时，沿其梯度方向进行搜索，可构造一个关于搜索步长 λ 的二次函数 $f[\boldsymbol{x}^{(k)}-\lambda\nabla f(\boldsymbol{x}^{(k)})]$。其函数图像为图中抛物线，可根据抛物线的性质确定最佳的 λ，即取到抛物线的极值点，从而确定出 $\boldsymbol{x}^{(k+1)}=$

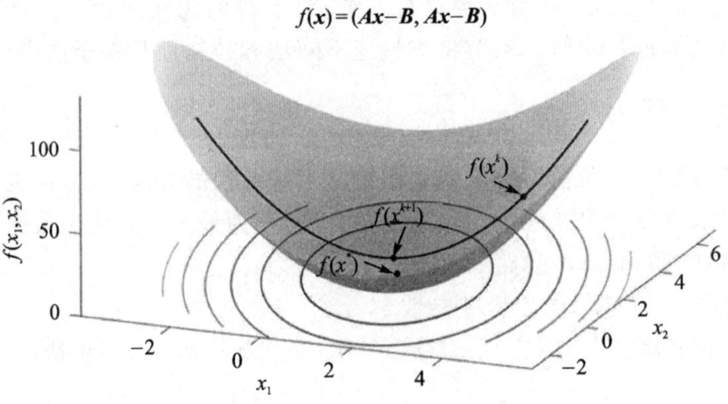

图 7－4　$f(x)$图像及最速下降法求解方程迭代示意图

$\boldsymbol{x}^{(k)}-\lambda\nabla f(\boldsymbol{x}^{(k)})$。相比于一般的最速下降法，此类问题的特点在于沿梯度方向的搜索问题能够转换为求二次函数极值点的问题。

7.4.2　拉格朗日乘子法

前面介绍的最速下降法适用于无约束优化问题。现以单等式约束与单不等式约束的二元函数优化问题说明拉格朗日乘子法的使用。

假设某等式约束问题如式(7.2)所示，其函数图像如图 7-5 所示。

$$\begin{cases}\min \quad f(x_1,x_2)=x_1^2+3x_2^2 \\ \text{s.t.} \quad h(x_1,x_2)=x_1^2-x_2-4=0\end{cases} \tag{7.2}$$

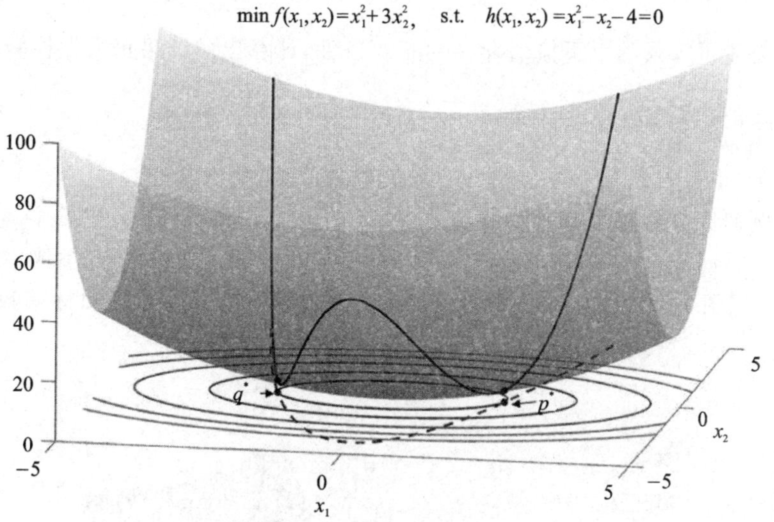

图 7-5　等式约束问题示意图

在平面中绘制出目标函数 $f(\boldsymbol{x})$的等值线，以及约束 $h(\boldsymbol{x})$的图像，如图 7-6 所示。

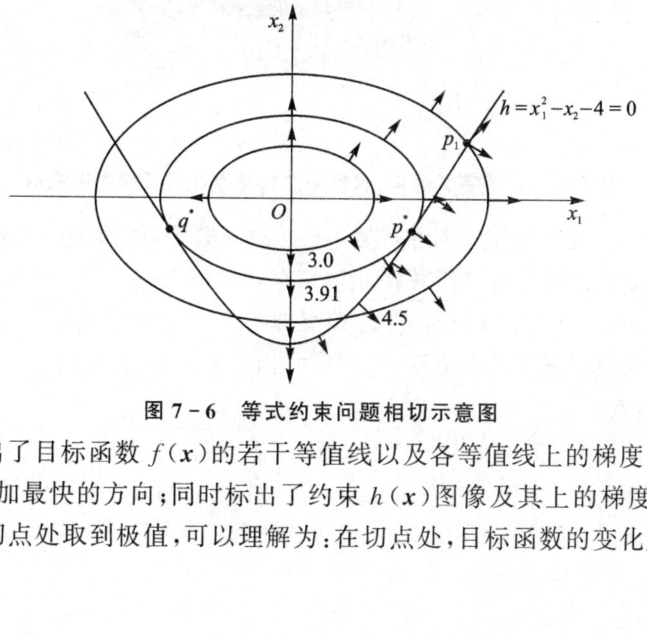

图 7-6　等式约束问题相切示意图

图 7-6 中标出了目标函数 $f(\boldsymbol{x})$的若干等值线以及各等值线上的梯度，可以看到 $f(\boldsymbol{x})$的梯度指向了函数增加最快的方向；同时标出了约束 $h(\boldsymbol{x})$图像及其上的梯度。当 $h(\boldsymbol{x})$与等值线相切时，可能在切点处取到极值，可以理解为：在切点处，目标函数的变化趋势不致引起切点

朝函数更小(或更大)方向的变化,如在点 p^* 处;与此相反,取图中点 p_1,该点所在等值线上的梯度在约束曲线的切线上(或梯度方向上)有分量,意即沿着约束曲线的切线变化,能够让目标函数值产生更小(或更大)的变动。所以得到了等式约束下极值存在的必要条件,即 $\nabla f(\boldsymbol{x})=\lambda\nabla h(\boldsymbol{x})$,其中 λ 可正可负,如在该问题的 p^* 处,$\lambda=1$,当把约束换为 $h(x_1,x_2)=-x_1^2+x_2+4$ 时,虽然约束曲线不变,但在 p^* 处,$\nabla f(\boldsymbol{x})$ 与 $\nabla h(\boldsymbol{x})$ 异向。

由 $\nabla f(\boldsymbol{x})-\lambda\nabla h(\boldsymbol{x})=\boldsymbol{0}$,$h(\boldsymbol{x})=\boldsymbol{0}$,可构造拉格朗日函数 $F(\boldsymbol{x},\lambda)=f-\lambda h$。计算其梯度为 $\boldsymbol{0}$ 时的 $\boldsymbol{x}$、λ 即可,公式描述如下:

$$\begin{cases}\dfrac{\partial F(\boldsymbol{x},\lambda)}{\partial \boldsymbol{x}}=\nabla f(\boldsymbol{x})-\lambda\nabla h(\boldsymbol{x})=\boldsymbol{0}\\[2ex]\dfrac{\partial F(\boldsymbol{x},\lambda)}{\partial \lambda}=-h(\boldsymbol{x})=\boldsymbol{0}\end{cases}$$

该公式描述了等式约束下极值存在的必要条件,计算出的结果仍需做检验处理。式(7.2)所述问题可求解出 $(\boldsymbol{x},\lambda)=\left\{\left[\dfrac{\sqrt{138}}{6},-\dfrac{1}{6},1\right],\left[-\dfrac{\sqrt{138}}{6},-\dfrac{1}{6},1\right],[0,-4,24]\right\}$,前两个点即为极值点 p^* 和 q^*,最后一个点是一个局部极大值点,要被舍弃。

现以实例研究具有单不等式约束 $g(\boldsymbol{x})\geqslant\boldsymbol{0}$ 的问题。将式(7.2)中的等式约束条件换为 $g_1(x_1,x_2)=-x_1^2+x_2+4\geqslant0$ 或者 $g_2(x_1,x_2)=-(x_1-3)^2+x_2+4\geqslant0$,则对应的函数图像分别如图 7-7、图 7-8 所示,图中颜色较深的区域即为可行域对应的目标函数图像。

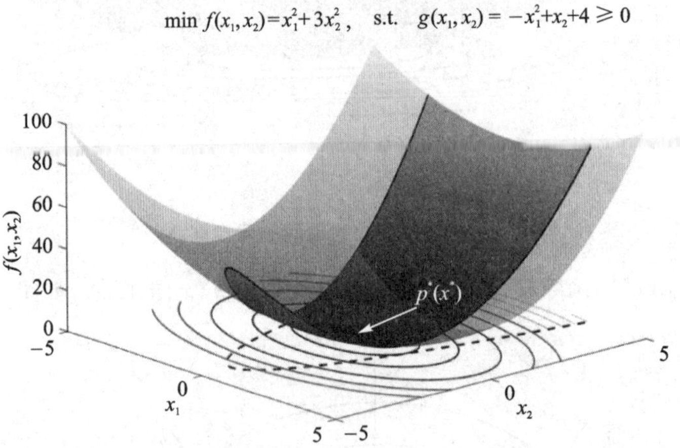

图 7-7 单不等式约束,目标函数极值点在可行域内示意图

不等式约束条件将可行域分成了可行域内($g(\boldsymbol{x})>0$)和可行域边界($g(\boldsymbol{x})=0$)两部分。

首先考察可行域内。如果目标函数在此区域存在极值点(g_1 约束问题),则直接使用无约束问题极值存在的必要条件 $\nabla f(\boldsymbol{x})=\boldsymbol{0}$ 进行求解即可。如果目标函数在此区域无极值点(g_2 约束问题),则可行域内约束下无极值点。综合两方面考虑,即求解如下方程组。如果方程有解,则解可能为极值点。

$$\begin{cases}\nabla f(\boldsymbol{x})=\boldsymbol{0}\\ g(\boldsymbol{x})>0\end{cases}\tag{7.3}$$

再考察可行域边界,此时约束问题退化为等式约束。可以构造 $F(\boldsymbol{x},\mu)=f-\mu g$,利用拉

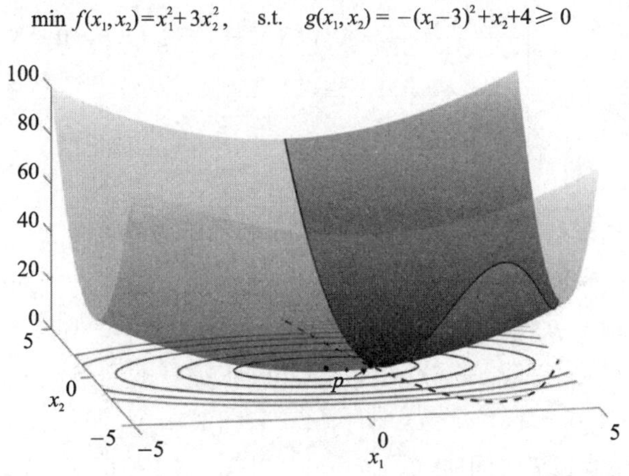

图 7-8　单不等式约束，目标函数极值点不在可行域内示意图

格朗日乘子法进行求解。但相比真正的等式约束，此时存在一个必要条件 $\mu>0$。g_2 约束问题梯度图如图 7-9 所示。对于 $g(\boldsymbol{x})\geqslant 0$ 这样的约束，其边界上的梯度一定是指向可行域内的，因为可行域内的点满足 $g(\boldsymbol{x})>0$，边界上的点满足 $g(\boldsymbol{x})=0$，而梯度指向了函数增长的方向。在切点处目标函数的梯度一定是指向可行域内的，否则切点还可以沿着目标函数的梯度反方向移动到可行域内的更小的位置。所以，相比等式约束问题，极值存在的必要条件 $\nabla f(\boldsymbol{x})=\mu\,\nabla g(\boldsymbol{x})$ 需要增加一个同向条件，即 $\mu>0$。求解如下方程组即可：

$$\begin{cases}\dfrac{\partial F(\boldsymbol{x},\mu)}{\partial \boldsymbol{x}}=\nabla f(\boldsymbol{x})-\mu\,\nabla g(\boldsymbol{x})=\boldsymbol{0}\\[2ex]\dfrac{\partial F(\boldsymbol{x},\mu)}{\partial \mu}=-g(\boldsymbol{x})=0\\[2ex]\mu>0\end{cases}\tag{7.4}$$

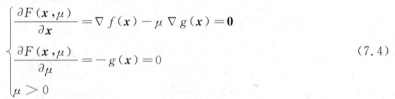

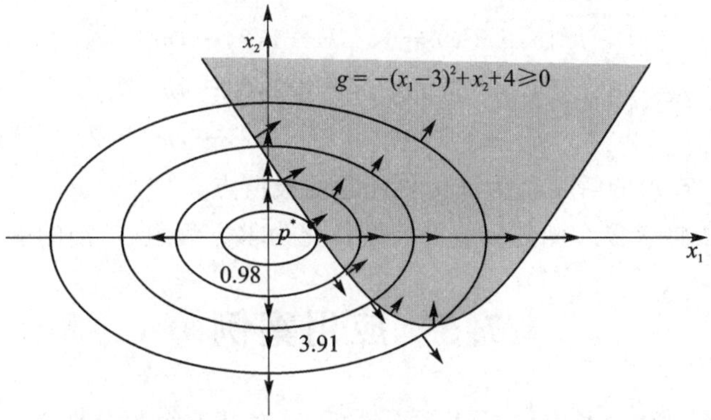

图 7-9　不等式约束问题相切示意图

可将方程(7.3)与方程(7.4)进行汇总，得到了求解单不等式约束问题的拉格朗日乘子法，即构造 $F(\boldsymbol{x},\lambda)=f-\mu g$，求解方程(7.5)。当 $\mu=0$ 时，方程退化为式(7.3)；当 $\mu>0$ 时，方程退化为式(7.4)。

$$\begin{cases}\dfrac{\partial F(\boldsymbol{x},\mu)}{\partial \boldsymbol{x}}=\nabla f(\boldsymbol{x})-\mu\nabla g(\boldsymbol{x})=\boldsymbol{0}\\ \mu\geqslant 0\\ g(\boldsymbol{x})\geqslant 0\\ \mu g(\boldsymbol{x})=0\end{cases}\tag{7.5}$$

利用式(7.5)分别求解 g_1、g_2 的约束问题，得到如下方程：

$$\mathrm{Equ}_{g_1}\begin{cases}(2+2\mu)x_1=0\\ 6x_2-\mu=0\\ \mu(-x_1^2+x_2+4)=0\\ \mu\geqslant 0\\ -x_1^2+x_2+4\geqslant 0\end{cases}\qquad \mathrm{Equ}_{g_2}:\begin{cases}(2+2\mu)x_1-6\mu=0\\ 6x_2-\mu=0\\ \mu(-x_1^2+6x_1+x_2-5)=0\\ \mu\geqslant 0\\ -x_1^2+6x_1+x_2-5\leqslant 0\end{cases}$$

由 Equ_{g_1} 求出 g_1 约束下的极值点(0,0)，由 Equ_{g_2} 求出 g_2 约束下的极值点(0.98,0.08)。

上述求解等式约束和不等式约束的拉格朗日乘子法可以进一步扩展为求解既含等式约束又含不等式约束，而且约束个数不受限制的问题，如式(7.1)所示。

对于式(7.1)所示的优化问题，拉格朗日乘子法的基本思路如下：

① 引入拉格朗日乘子 $\lambda_1,\lambda_2,\cdots,\lambda_l,\mu_1,\mu_2,\cdots,\mu_m$。

② 构造拉格朗日方程：

$$L(\boldsymbol{x},\lambda_1,\lambda_2,\cdots,\lambda_l,\mu_1,\mu_2,\cdots,\mu_m)=f(\boldsymbol{x})-\sum_{j=1}^{l}\lambda_j h_j(\boldsymbol{x})-\sum_{k=1}^{m}\mu_k g_k(\boldsymbol{x})\tag{7.6}$$

③ 求解可能的极值点(驻点)：

$$\begin{cases}\dfrac{\partial L}{\partial x_i}=0, & i=1,2,\cdots,n\\ \dfrac{\partial L}{\partial \lambda_j}=0, & j=1,2,\cdots,l\\ u_k g_k(\boldsymbol{x})=0, & k=1,2,\cdots,m\\ u_k\geqslant 0, & k=1,2,\cdots,m\\ g_k(\boldsymbol{x})\geqslant 0, & k=1,2,\cdots,m\end{cases}\tag{7.7}$$

④ 验证方程组(7.7)的解是否为该优化问题的极值点。

拉格朗日乘子法将求多元函数极值的问题转化为求方程组(7.7)的解。

7.5 应用案例

【案例1】 现有一张边长 2 m 的正方形铁板，欲在其四个角分别裁去一个边长为 x m 的正方形，制成无盖铁盒。问：x 为何值时，铁盒的容积最大？最大容积是多少？

解：铁盒容积为

$$V=2x(x-1)^2,\quad 0<x<1$$

构造目标函数如下：

$$f(x)=-2x(x-1)^2,\quad 0<x<1$$

参考例 7-1 给出的程序，由黄金分割法，可得 $f(x)$ 在区间(0,1)内的极小值点为(0.333,

-0.296296)，即当 $x=0.333$ 时，铁盒有最大容积 $0.296\,296\ \text{m}^3$。

【案例 2】　制作案例 1 中的无盖铁盒时，切割的成本为 5 元/m，被裁去部分的成本为 50 元/m^2，焊接成本为 40 元/m，铁盒的容积能够创造的收益为 1 000 元/m^3。问：x 为何值时，制作该铁盒能得到最大收益？此时铁盒的容积是多少？

解：铁盒容积为

$$V=2x(x-1)^2,\quad 0<x<1$$

铁盒的收益为

$$W=1\,000V-40x-200x^2-160x=20x(10x^2-21x+9)$$

可构造目标函数：

$$f(x)=-20x(10x^2-21x+9)$$

由黄金分割法可得，$f(x)$ 在区间 $(0,1)$ 内的极小值点为 $(0.264,-219.28)$，即当 $x=0.264$ 时，制作铁盒有最大收益，最大收益为 219.28 元。此时，铁盒的容积为 $0.286\,049\ \text{m}^3$。

【案例 3】　空间中有一系列点 $P_i=(x_i,y_i,z_i)$，$i=1,2,\cdots,n$，求到所有 P_i 距离平方之和最小的点坐标 (x^*,y^*,z^*)。

构建数学模型：

$$\min f(x,y,z)=\sum_{i=1}^{n}\left[(x-x_i)^2+(y-y_i)^2+(z-z_i)^2\right]$$

对上述无约束优化问题，可选择最速下降法进行求解，梯度函数如下：

$$\nabla f(x,y,z)=2\left(nx-\sum_{i=1}^{n}x_i,\ ny-\sum_{i=1}^{n}y_i,\ nz-\sum_{i=1}^{n}z_i\right)$$

【案例 4】　某工厂有一批长度为 1 m 的线材，现接到订单，要求下料 0.26 m 的 200 根、0.18 m 的 400 根、0.3 m 的 300 根。由于受工艺和设备的限制，不论采取哪种下料组合，每段线材至少有一根为 0.3 m。试确定合适的下料方案，使线材的消耗量最少。

解：所有可能的组合如表 7－1 所列。

表 7－1　所有可能的下料组合

组合 \ 规格/m	0.3	0.26	0.18
1	3	0	0
2	2	1	0
3	2	0	2
4	1	2	1
5	1	1	2
6	1	0	3

设 x_i 表示采用第 i 种组合方式下料的线材数量。由此，可构建数学模型：

$$\begin{cases} \min & x_1+x_2+x_3+x_4+x_5+x_6 \\ \text{s. t.} & 3x_1+2x_2+2x_3+x_4+x_5+x_6 \geqslant 300 \\ & x_2+2x_4+x_5 \geqslant 200 \\ & 2x_3+x_4+2x_5+3x_6 \geqslant 400 \\ & x_i \geqslant 0, \quad i=1,2,\cdots,6 \end{cases}$$

该模型的最优解可能是小数,但实际上 x_i 只能是整数,应当作整数规划问题来求解。对于这类问题,其求解策略都是先忽略整数这一约束,将其当作一般的线性规划问题进行求解,再依次加入整数约束,直到得到最优整数解。将其当作一般的线性规划问题时,也可使用本章的拉格朗日乘子法进行求解。引入拉格朗日乘子 $\mu_1,\mu_2,\cdots,\mu_9$,构造拉格朗日方程如下:

$$\begin{aligned} L(\boldsymbol{x},\mu_1,\mu_2,\cdots,\mu_9) &= f(\boldsymbol{x})-\sum_{k=1}^{9}\mu_k g_k(\boldsymbol{x}) \\ &= (x_1+x_2+x_3+x_4+x_5+x_6)-\sum_{k=1}^{6}\mu_k x_k- \\ &\quad \mu_7(3x_1+2x_2+2x_3+x_4+x_5+x_6-300)- \\ &\quad \mu_8(x_2+2x_4+x_5-200)-\mu_9(2x_3+x_4+2x_5+3x_6-400) \end{aligned}$$

求解如下方程组:

$$\begin{cases} \dfrac{\partial L}{\partial x_i}=0, & i=1,2,\cdots,6 \\ u_k g_k(\boldsymbol{x})=0, & k=1,2,\cdots,9 \end{cases}$$

该非线性方程组有 67 组解,借助数学软件求解后,再利用如下条件进行结果筛选:

$$\begin{cases} u_k \geqslant 0, & k=1,2,\cdots,9 \\ g_k(\boldsymbol{x}) \geqslant 0, & k=1,2,\cdots,9 \end{cases}$$

最终求得拉格朗日法的结果:

$$\boldsymbol{x}_1=\{0,0,75,50,100,0\}, \quad \boldsymbol{\mu}_1=\{0.25,0.25,0,0,0,0,0.25,0.25,0.25\}$$

$$\boldsymbol{x}_2=\{0,0,75,100,0,50\}, \quad \boldsymbol{\mu}_2=\{0.25,0.25,0,0,0,0,0.25,0.25,0.25\}$$

上面两个结果恰为整数解,可直接作为最终结果。所以有两种同样省料的下料方式。

【案例 5】 (基于网格的最速降线问题)最速降线问题是指给定初始点和终点,寻找一条曲线或路径,使物体仅在重力作用下,沿该曲线或路径自由滑落所消耗的时间最短。此类问题可通过解析法求解,得到的曲线为摆线,此处采用离散化方法,从而引入基于网格的优化问题。

解:如图 7-10 所示,建立直角坐标系并划分网格,网格中共有 n 个离散点,则该优化问题的决策变量为 $i=2,3,\cdots,n-1$ 处对应的高度 y_i,即

$$\boldsymbol{x}=[y_2,y_3,\cdots,y_{n-1}]^{\mathrm{T}}$$

将离散之后的每一个小曲线段近似为直线段,由物理学知识,可得每一小段路径上所消耗的时间为

$$\Delta t_i=\frac{(v_{i+1}-v_i)\Delta L_i}{g(y_i-y_{i+1})}$$

式中,$\Delta L_i=\sqrt{h^2+(y_i-y_{i+1})^2}$。下滑过程中消耗的总时间为

$$T=\sum_{i=1}^{n-1}\Delta t_i$$

由此，可将最速降线问题转化为优化问题，目标函数为 $f=T$。

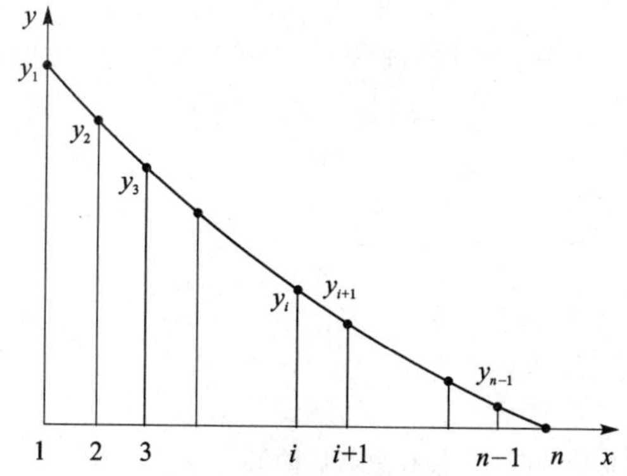

图 7-10 最速降线问题

7.6 课后习题

一、填空题

1. 优化问题的三个要素是：________、________、________。
2. 黄金分割法中的两个试探点为当前迭代区间的两个________点。
3. 多元函数极值存在的必要条件为________。
4. 最速下降法中，步长的搜索相当于________问题。
5. 最速下降法适用于解决________优化问题。
6. 拉格朗日乘子法可将多元函数极值问题转化为________问题。

二、改错题

1. 用最速下降法寻找 $f(x_1,x_2,x_3)=(x_1+2)^2+(x_2-1)^2+(x_3-4)^2+3$ 的极小值点，取初始点为(0,0,0)，最速下降法收敛精度为 $\varepsilon_1=10^{-6}$，步长收敛精度为 $\varepsilon_2=10^{-4}$。下面的程序中存在多处错误，请找出并改正。

```
#include < stdlib.h >
#include < stdio.h >
#include < math.h >

// 计算原函数在点 X 处的梯度
void Grad(double * X, double * G, int NDV);

// 更新设计点，新的设计点存储于 XN 中，X 为原设计点，D 为变化方向，AL 为一维变化量
void Update(double * XN, double * X, double * D, double AL, int NDV);

// 计算目标函数值并返回
double Funct(double * X, int NDV);

// 黄金搜索算法
double Gold(double * X, double * D, double * XN, double Delta, double Epslon, int NDV);
```

```
// 最速下降
void SpeedestDescent(double delta, double Epslon, double EPSL, int * nCount, int NDV, double * X,
double * D, double * XN, double * G);

// 主程序
int main()
{
    // 初始化计数器
    int nCount = 0;

    // X 用于存放每步的初始值,XN 用于保存更新后的值
    double * X = new double [NDV];
    double * XN = new double[NDV];
    // 初始化梯度和搜索方向,注意梯度和方向是相反关系
    double * D = new double[NDV];
    double * G = new double[NDV];

    double delta = 0.05;           // 一维搜索步长
    double Epslon = 0.0001;        // 一维搜索收敛精度
    doublc EPSL = 1e-6;            // 最速下降收敛精度

    SpeedestDescent(delta, Epslon, EPSL, nCount, NDV, X, D, XN, G);

    system("pause");
    return 0;
}

// 计算原函数在点 X 处的梯度
void Grad(double * X, double * G, int NDV)
{
    G[0] = 2 * (X[0] + 2);
    G[1] = 2 * (X[1] - 1);
    G[2] = 2 * (X[2] - 4);
    return;
}

// 更新设计点,新的设计点存储于 XN 中,X 为原设计点,D 为变化方向,AL 为一维变化量
void Update(double * XN, double * X, double * D, double AL, int NDV)
{
    for (int i = 0; i < NDV; i++)
    {
        XN[i] = X[i] + AL * D[i];
    }
    return;
```

```
}

// 计算目标函数值并返回
double Funct(double * X, int NDV)
{
    double F;
    F = pow((X[0] + 2), 2) + pow((X[1] - 1), 2) + pow((X[2] - 4), 2) + 3;
    return F;
}

// 黄金搜索算法
double Gold(double * X, double * D, double * XN, double Delta, double Epslon, int NDV)
{
    // X        = 设计变量值
    // D        = 方向矢量
    // XN       = 新的设计变量
    // Delta    = 一维搜索初始步长
    // Epslon   = 一维搜索精度
    // NDV      = 设计变量维度

    double GR = 0.5 * sqrt(5.0) + 0.5; // 黄金分割率

    // 初始化步长
    double AL = 0.0;                    // 初始化左边界为 0
    Update(XN, X, D, AL, NDV);          // XN 为在左边界为 0 时更新的向量
    double FL = Funct(XN, NDV);         // 计算此时 XN 对应的函数值
    double AA;
    for (int j = 0; ; j++)
    {
        AA = Delta;
        Update(XN, X, D, AA, NDV);      // 更新步长为 AA 时的设计变量 XN
        double F_v = Funct(XN, NDV);    // 计算更新后的设计变量 XN 处的目标函数值 F_v
        if (F_v > FL)
        {
            Delta * = 0.1;
        }
        else
        {
            break;
        }
    }
    double w = sqrt(5.0) * 0.5 - 0.5;
    double a = AL;
    double b = AU;
    double l = AA;
```

```
    double u = AL + (AU - AL) / GR;
    /* 黄金分割法 */
    // a --------a0
    // b --------b0
    // lambda --λ
    // mu ------μ
    // w --------0.618
    while (fabs(b - a) > Epslon)
    {
        // 计算 F(l)
        Update(XN, X, D, l, NDV);
        double F_l = Funct(XN, NDV);
        // 计算 f(mu)
        Update(XN, X, D, u, NDV);
        double F_u = Funct(XN, NDV);
        if (F_l < F_u)
        {
            b = u;
            l = a * w + b * (1 - w);
            u = a * (1 - w) + b * w;
        }
        else
        {
            a = l;
            l = a * w + b * (1 - w);
            u = a * (1 - w) + b * w;
        }

    }
    //  返回近似极小值点
    return (a + b) / 2.;
}

// 最速下降
void SpeedestDescent(double delta, double Epslon, double EPSL, int * nCount, int NDV, double * X,
double * D, double * XN, double * G)// 最速下降法
{
    // Delta   = 一维搜索初始步长
    // Epslon  = 一维搜索精度
    // EPSL    = 最速下降法收敛精度
    // nCount  = 计数器
    // NDV     = 设计变量维度
    // X       = 设计变量值
    // D       = 方向矢量
    // XN      = 新的设计变量
```

```
    // G = 梯度矢量
    for (int i = 0; i < 1000; i++)
    {
        nCount = i;
        if (i==999)
        {
            printf("达到最大迭代次数! \n");
            return;
        }
        // 显示本次迭代的 X,梯度 G,梯度 G 的模长
        printf("第 %d 次迭代:\nX: ", *nCount);
        for (int i = 0; i < NDV; i++)
            printf("X%d: %lf ", i + 1, X[i]);
        printf("\n");
        Grad(X, G, NDV);
        double Mo = 0;
        printf("梯度 G: ");
        for (int i = 0; i < NDV; i++)
        {
            Mo += G[i] * G[i];
            printf("G%d: %lf ", i + 1, G[i]);
        }
        Mo = sqrt(Mo);
        printf("\n梯度 G 的模: %lf\n", Mo);
        // 用梯度 G 的模长与 EPSL 比较,若模长过小,则退出迭代,否则计算出 D(D 向量与 G 向量方向相反)
        if (Mo < EPSL)
        {
            break;
        }
        for (int i = 0; i < NDV; i++)
            D[i] = G[i];

        // 调用 Gold,求出 D 方向下的最优步长
        double Alpha = Gold(X, D, XN, delta, Epslon, NDV);

        // 更新 X
        Update(X, X, D, Alpha, NDV);
    }
    // 迭代结束,计算 X 和其对应的函数值,并打印输出
    printf("\n迭代次数:%d\n迭代结果:\n", *nCount);
    for (int i = 0; i < NDV; i++)
        printf("X%d= %lf ", i + 1, X[i]);
    printf("\nF(X1,X2,X3) = %lf\n", Funct(X, NDV));
    return;
}
```

三、简答题

1. 最速下降法与拉格朗日乘子法分别适用于解决何种类型的优化问题？

2. 写出最速下降法的基本思路，归纳最速下降法的特点。

3. 在最速下降法中，若选择黄金分割法进行步长的搜索，如何确定搜索区间？

4. 试画出拉格朗日乘子法的算法流程图。

5. 如果拉格朗日乘子法中有不含等号的不等约束，如 $g(\boldsymbol{x})>0$，该如何处理？

6. 假设有维度为 n、不等式约束个数为 m、等式约束个数为 l 的优化问题，使用拉格朗日乘子法构建的方程未知数个数和方程个数是多少？该方法适用于高维、多约束问题吗？

四、编程题

1. 给定不同初值，试用最速下降法求下列函数的极小值(各有两个)，结果精确到小数点后6位：

(1) $f(x,y)=x^4+y^4+2x^2y^2+6xy-2x-2y+1$；

(2) $f(x,y)=x^6+y^6+6x^2y^2-x^2-y^2-2xy$。

2. 取初值为 $(x_0,y_0)=(2,2)$，自定收敛精度，试用最速下降法求 Rosenbrock 函数 $f(x,y)=(1-x)^2+100(y-x^2)^2$ 的极小值，观察在多少次迭代后解不再改善。

3. 建立合适的坐标系，某区域海拔高度可近似描述为

$$h(x,y)=0.45x\mathrm{e}^{-(x^2+y^2)}+0.1\sin x-0.05\sin y^2+0.001x^2y^2,\quad (x,y)\in D$$

式中，$D-\{(x,y)\mid -4.5\leqslant x\leqslant 8,-5\leqslant y\leqslant 5\}$。气象观测结果显示，该区域中 $(x_0,y_0)\in D$ 处将有局部暴雨，则应先向何处发出洪涝灾害预警？试用C语言编程求解上述问题，自定收敛容差 ε、输入 (x_0,y_0)、输出预警地 (x^*,y^*)。

7.7 上机任务

1. 使用最速下降法求解优化问题：

$$\min f(x_1,x_2,x_3)=x_1^2+2x_2^2+2x_3^2+2x_1x_2+2x_2x_3$$

取收敛容差 $\varepsilon=10^{-6}$。一维搜索用黄金分割法搜索，起始步长 $\delta=0.05$，一维搜索精度参数为 $\varepsilon=10^{-4}$，求极值点对应的 (x_1^*,x_2^*,x_3^*) 及函数最小值。

第 8 章　启发式算法

【实践任务】

① 掌握数据输入、输出的两种基本方法：重定向输入/输出和文件读/写。

② 掌握神经元模型的原理，了解单神经元分类器的构建和求解。

③ 掌握遗传算法的原理及其应用。

④ 掌握模拟退火算法的原理及其应用。

⑤ 了解粒子群算法的原理及其应用。

8.1　数据的输入与输出

当程序规模变大后，不可避免地要频繁进行数据的输入和输出。在前面的章节中，我们将数据直接写入到程序代码中，或是使用键盘作为输入；同时使用屏幕打印作为输出。将数据写入到程序代码，使得程序通用性较差，且让程序体积变大；当输入数据量变大后，使用键盘作为输入就非常低效；如果输出结果很多且需要对结果进行下一步处理，那么仅将输出结果打印到屏幕的方法就无能为力了。虽然我们确实可以从控制台将结果复制到文本，但如果有很大一批同类问题要处理，就不可行了。

实际上，利用外部存储设备（硬盘、光盘、U 盘等），可以方便地进行数据的读/写，使用的方法就是文件的读/写。在介绍该方法之前，先介绍一种重定向方法，该方法能够在不改动前面章节程序代码的前提下，极大地方便数据的读/写。

8.1.1　重定向输入与输出

前述章节中我们使用 scanf、gets、getcahr 函数从键盘获取数据，使用 printf、puts、putchar 函数向屏幕打印输出。实际上，系统为每个需要输入、输出的程序都提供了两个字符串数组，称之为缓冲区，用以接收键盘输入的数据和存放向屏幕打印输出的内容，这就是常说的标准输入/输出缓冲区。而 scanf、gets、getcahr 即从标准输入缓冲区取数据，printf、puts、putchar 向标准输出缓冲区写数据。上述过程如图 8－1 所示。

重定向输入的工作原理是：将所需要的数据提前组织好存放在一个文本文件中，并在程序运行时告知程序，则程序将从指定的文件中读取数据，代替键盘输入；同理，重定向输出是指用一个提前指定好的文件拦截到了要输出到屏幕上的信息，如图 8－1 所示。重定向的功能是系统提供的，不需要改动代码。在控制台运行程序时，通过“＜”和“＞”指定重定向的文件名即可。

下面给出一段程序，该程序从键盘读取 PGM（Portable Gray Map）格式的灰度图像，并完成平滑处理，最后将处理后的图像按照 PGM 文件格式的要求打印输出到屏幕。PGM 格式是一种古老、简单的灰度图像格式，其定义有 P2（文本）、P5（二进制）两种。P2 类型的 PGM 文件

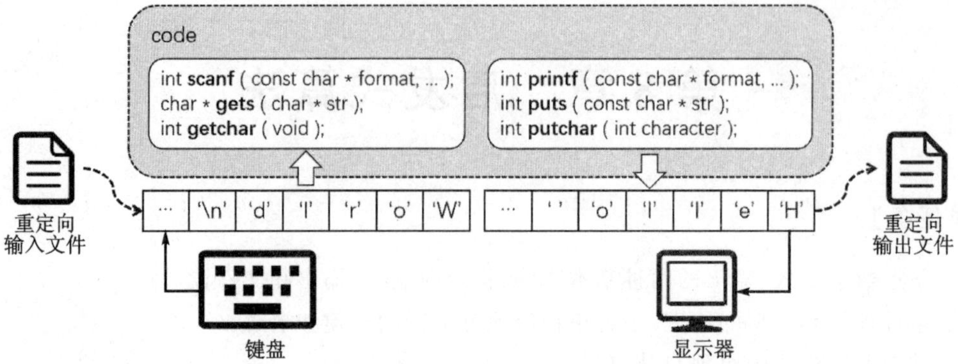

图 8-1　标准输入/输出原理示意图

定义如下：

```
P2
10 5
255
0 13 29 49 71 96 121 146 172 195 5 21 39 61 83
109 133 160 183 206 12 29 49 72 96 121 147 171 195 216
21 39 60 84 108 134 160 183 206 226 29 49 71 96 121
146 172 194 216 235
```

文件第一行为固定的字符串“P2”，表明文件是一个文本类型的；第二行分别存储了图片的宽度和高度；第三行的整数表示在该图像中白色对应的整数值（黑色默认对应 0）；后续的整数表示从图片左上角开始行序优先下每一个像素位的像素值。每一行的整数值个数没有要求，但要求每一行的字符数不超过 70。上述例子对应的图像如图 8-2 中原图像所示，像素值越大越趋近白色，越小越接近黑色。

平滑是一种基本的图像处理操作。首先建立一张与原图像尺寸一致的空图像。遍历空图像中所有的像素位置，以某次遍历的像素位 pos(i,j)为中心，选择一个小正方形窗口对应覆盖到原图像，求出所覆盖的所有像素值的平均值，将该值作为新图像 pos(i,j)位置上的像素值。若小窗口越界，则仅计算覆盖到的像素。如图 8-2 所示，当计算新图像第 4 行 7 列的像素值时，在原图像对应位置覆盖到了 9 个像素，计算其平均值得到 159，该值则为新图像第 4 行 7 列的像素值。平滑操作能够降低图像的锐度，使其看起来更为柔和；当小窗口的尺寸不断增大时，图像将变得更加模糊。

示例程序如下：

```
#include < stdio.h >
#include < stdlib.h >

typedef int * Mat;
Mat * mCreate(int nRow, int nCol) {
    if (nRow < 1 || nCol < 1)
        return NULL;
    Mat * m = (Mat * )malloc(sizeof(int * ) * nRow);
```

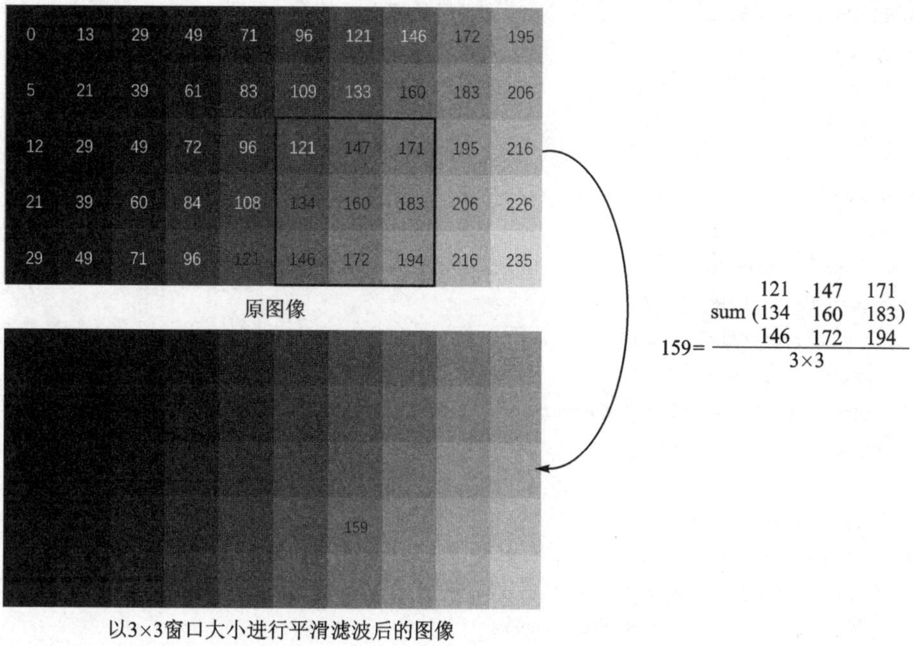

图 8-2 PGM 图像及平滑滤波操作示意图

```
    m[0] = (int * )malloc(sizeof(int) * nRow * nCol);
    for (int i = 1; i < nRow; i ++ )
        m[i] = m[i - 1] + nCol;
    return m;
}

void mFree(Mat * m) {
    if (m) {
        if (m[0])
            free(m[0]);
        free(m);
    }
}

int main() {
    Mat * matSrc = NULL;              // 原图像矩阵
    Mat * matDst = NULL;              // 平滑操作后图像矩阵
    int i = 0, j = 0;
    int nRow = 0, nCol = 0;           // 图像尺寸
    int maxPixel = 0;                 // 图像最大灰度值
    // 平滑处理相关参数
    int isub = 0, jsub = 0;
    int wndSize = 15;                 // 平滑处理窗口大小
    int idxRight = 0, idxLeft = 0;    // 平滑处理左右范围
```

```
int idxUp = 0, idxDown = 0;            // 平滑处理上下范围
int totalPixel = 0;                    // 窗口像素的和
int totalNum = 0;                      // 窗口像素的个数
int setPixel = 0;                      // 计算得到的新像素值

scanf("P2");                           // 读取固定魔数
scanf("%d%d", &nCol, &nRow);           // 读入图片尺寸
scanf("%d", &maxPixel);                // 读入最大灰度值
matSrc = mCreate(nRow, nCol);
matDst = mCreate(nRow, nCol);
if (!matSrc || !matDst) {
    printf("Failed to allocate Memory.\n");
    return 1;
}
// 读入图片数据
for (i = 0; i < nRow; i++) {
    for (j = 0; j < nCol; j++) {
        scanf("%d", &(matSrc[i][j]));
    }
}
// 进行平滑处理
for (i = 0; i < nRow; i++) {
    for (j = 0; j < nCol; j++) {
        // 更新窗口范围
        idxLeft = j - wndSize;
        idxRight = j + wndSize;
        idxUp = i - wndSize;
        idxDown = i + wndSize;
        if (idxLeft < 0) idxLeft = 0;
        if (idxRight > nCol - 1) idxRight = nCol - 1;
        if (idxUp < 0) idxUp = 0;
        if (idxDown > nRow - 1) idxDown = nRow - 1;
        // 更新平滑操作所用数据
        totalPixel = 0; totalNum = 0; setPixel = 0;
        for (isub = idxUp; isub <= idxDown; isub++) {
            for (jsub = idxLeft; jsub <= idxRight; jsub++) {
                totalPixel += matSrc[isub][jsub];
                totalNum++;
            }
        }
        // 计算目标像素值
        setPixel = (int)1.0 * totalPixel / totalNum;
        matDst[i][j] = setPixel;     // 设置目标像素值
    }
}
```

```
    // 图像数据打印至屏幕
    printf("P2\n");
    printf("%d %d\n", nCol, nRow);
    printf("%d\n", maxPixel);
    totalNum = 0;
    for (i = 0; i < nRow; i++) {
        for (j = 0; j < nCol; j++) {
            printf("%d", matDst[i][j]);
            totalNum++;
            if (totalNum % 10 == 0)
                printf("\n");
            else
                printf(" ");
        }
    }

    return 0;
}
```

该程序用前述章节中使用过的矩阵存储图像，程序需要按照 PGM 图像的文件要求从键盘交互输入图像的信息，如果一个图像是 600×800 的，则需要大概 48 万次输入，这显然是不可能的；另外，将图片像素信息打印至屏幕意义也不大。所以可以用重定向的方法将输入/输出定向到两个 PGM 文件。

可以在 VS2010 的项目属性页中进行设置。在对应项目上右击，打开属性页。在“调试”属性的“命令参数”中进行设置，使用“<”后跟重定向输入文件路径，使用“>”后跟重定向输出文件路径，如图 8-3 所示。文件路径可以使用绝对地址，也可以使用相对地址，在使用相对地址时要注意重定向文件路径与当前路径的相对位置。当前路径一般为当前项目工程文件（后缀名为.vcproj）所在的路径，可在“工作目录”一栏中进行设置。使用相对路径时可以用 vs 中

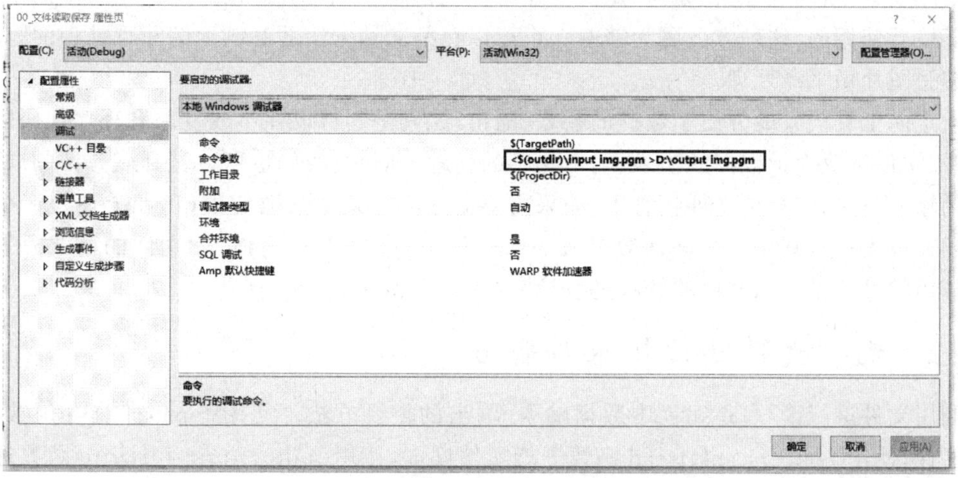

图 8-3 重定向参数设置示意图

预定义的宏进行路径定位。如图 8－3 所示的示例是将输入的 pgm 文件存放至解决方案的生成目录下，使用宏“$(outdir)”进行定位；输出路径指定为绝对路径。

```
< $(outdir)\input_img.pgm > D:\output_img.pgm
```

再运行程序，则控制台的输入由指定文件 input_img.pgm 提供，输出被保存至 output_img.pgm。使用图像浏览软件打开两个 PGM 文件，如图 8－4 所示，原图被平滑处理，变得模糊。

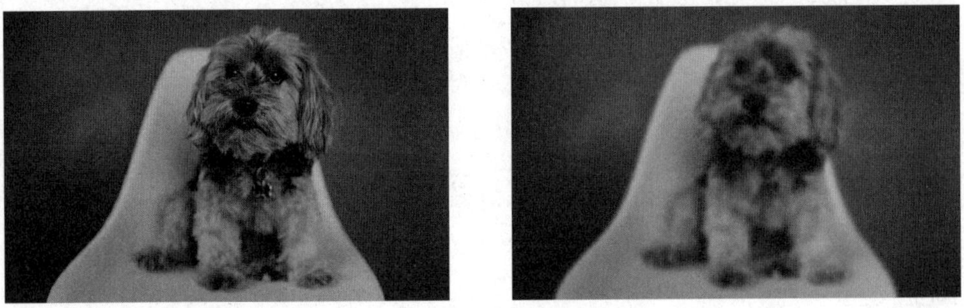

图 8－4　图像平滑处理结果对比图

重定向功能是系统提供的，除了在 vs 中将重定向命令提前设置好外，也可以在命令提示符环境中直接运行编译好的程序，并按照上述方法带上重定向参数，如图 8－5 所示。

图 8－5　在命令提示符环境下进行重定向设置

实际上第一种方法是在编写、调试程序时使用的；第二种方法是在生成可执行程序、脱离编译环境后使用的，这种方法更为普遍。也可以在第二种方法的基础上编写批处理的脚本，同时对多张图片做平滑处理。

重定向工具极大地方便了数据的输入、输出，尤其是其可以在不改变原有程序代码的前提下，利用文件解决大批数据的输入、输出保存的问题。同时，我们也可以看到该方法的局限性：程序的输入/输出完全被文件托管了，如果需要交互给定某个参数的值(比如上述程序中平滑处理的窗口大小)，则需要将该参数写入输入文件中，这又破坏了 PGM 文件的格式。另一种更为通用的做法是利用文件的读/写完成数据的输入和输出。

8.1.2　利用文件进行输入与输出

利用文件进行读/写是编程中数据输入/输出的重要方法。使用 fopen、fclose 函数打开、关闭文件；使用 fgetc、fscanf、fread 函数进行文件读取，使用 fputc、fprintf、fwrite 函数进行文件写入。相关函数操作不再赘述。

传入文件路径的方法除了将路径写入到代码、通过 scanf 交互读取外，更为通用的做法是

利用 main 函数的参数列表。实际上 main 函数作为程序的入口，也可以传入参数，可以将 main 函数声明为

int main(int argc, char * argv[])

则 argc 表示传入的参数个数；argv 是一个字符二重指针，指向了 argc 个字符串。

如果某程序在命令行中的调用为

```
D:\test.exe .\input.txt .\output.txt
```

则传入的参数为 3 个，分别是

argv[0]	D:\test.exe
argv[1]	.\input.txt
argv[2]	.\output.txt

利用这种方法可以在调用程序时直接将要读/写的文件路径进行传入，也可以传一些其他参数。利用这种方法，需要先对传入的参数进行解析，此时传入参数的方法与图 8-3 和图 8-5 类似。通用的代码模板如下所示：

```
int main(int argc, char * argv[])
{
    if (argc > = 3)
{
        // 读取文件
        fp = fopen(argv[2], "r");
        ……
    }
    if (argc > = 2)
{
        // 读取文件
        fp = fopen(argv[1], "r");
        ……
    }
    else
{
        return 1;      // 入参数目不对
    }
……
}
```

8.2 神经元模型概述及其应用

8.2.1 神经元模型概述

神经元模型由以下几部分构成：

① $x_1, x_2, \cdots, x_n$ 为输入向量 $\boldsymbol{X}$ 的各个分量；

② $w_1, w_2, \cdots, w_n$ 为权值向量 $\boldsymbol{W}$ 的各个分量；

③ θ 为偏置；

④ f 为激活函数，通常为非线性函数；

⑤ y 为神经元输出，$y = f(\boldsymbol{W}^{\mathrm{T}}\boldsymbol{X}+\theta)$。

单个神经元功能有限，但也能够将其用于二分类问题。如果选择激活函数为 $f(\boldsymbol{X}) = \mathrm{sign}(\boldsymbol{W}^{\mathrm{T}}\boldsymbol{X}+\theta) = \begin{cases} 1, & \boldsymbol{W}^{\mathrm{T}}\boldsymbol{X}+\theta \geqslant 0 \\ -1, & \boldsymbol{W}^{\mathrm{T}}\boldsymbol{X}+\theta < 0 \end{cases}$，并将输出规定为 1 和 −1，那么此时的神经元也被称为感知机，其可用来对线性可分数据集进行分类学习。

所谓线性可分数据集是指：存在一个超平面能够将数据按类别一分为二。如图 8-6(a) 所示，即为线性可分的数据集。图 8-6(b) 中的数据混杂在一起，无论如何也找不到一条直线（超平面）将数据划分为两部分，其称之为线性不可分数据。

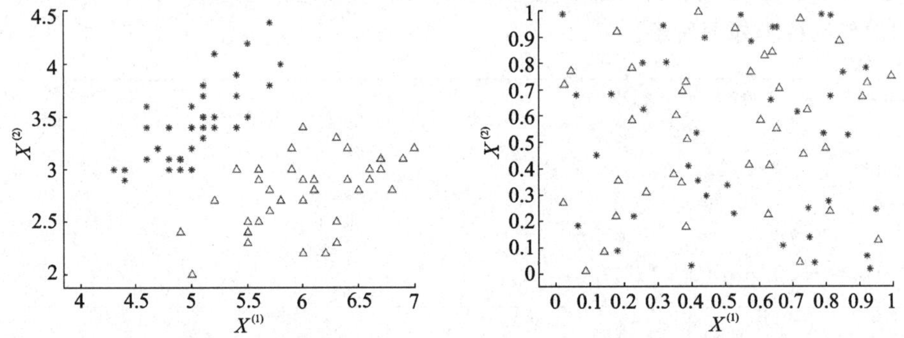

(a) 线性可分数据　　(b) 线性不可分数据

图 8-6　线性可分与不可分数据集

所谓学习即指通过已有的数据，能够求出一个感知机的参数。同样的数据再输入感知机时，就能够自动进行类别的判断。

假设有一个数据集 $T = \{(\boldsymbol{X}^1, Y^1), (\boldsymbol{X}^2, Y^2), \cdots, (\boldsymbol{X}^N, Y^N)\}$，其中 $\boldsymbol{X}^i \in \mathbf{R}^n$，$Y^i \in \{1, -1\}$，$i = 1, 2, \cdots, N$，且数据是线性可分的，则感知机的学习结果即求出 $\boldsymbol{W}$ 和 θ，使得对所有的数据，其均满足 $Y^i = \mathrm{sign}(\boldsymbol{W}^{\mathrm{T}}\boldsymbol{X}^i + \theta)$，$i = 1, 2, \cdots, N$。假设已经有一个初始的感知机 $(\boldsymbol{W}, \theta)$，但是其分类结果很差。可以使感知机不断地学习（即迭代），最终收敛到能将所有数据正确分类的结果。

为了能进行学习，需要提出一个刻画学习结果好坏的标准，最为直接的标准是某次分类结果的错误数，使得这个错误数朝着不断减小的方向优化即可。很遗憾这种标准对应的函数是不可导的，因此迭代的方向也难以确定。为此提出一个新的标准，即表示出所有误分类的点到超平面的距离和。距离和不断减小，则感知机的学习结果将趋好。

点 $\boldsymbol{X} \in \mathbf{R}^n$ 到超平面 $(\boldsymbol{W}, \theta)$ 的距离为 $\frac{1}{\|\boldsymbol{W}\|}\left|\boldsymbol{W}^{\mathrm{T}}\boldsymbol{X}+\theta\right|$，其中 $\|\boldsymbol{W}\| = \sqrt{\boldsymbol{W}_1^2 + \boldsymbol{W}_1^2 + \cdots + \boldsymbol{W}_n^2}$，则上述标准定义如下：

$$L(\boldsymbol{W},\theta)=\frac{1}{\|\boldsymbol{W}\|}\sum_{\boldsymbol{X}^i\in\boldsymbol{M}}|\boldsymbol{W}^{\mathrm{T}}\boldsymbol{X}^i+\theta|$$

称之为损失函数，其中 $\boldsymbol{M}$ 为错误分类的数据集合。

当错误分类时，$\boldsymbol{W}^{\mathrm{T}}\boldsymbol{X}^i+\theta$ 与 Y^i 异号，所以又有

$$L(\boldsymbol{W},\theta)=-\frac{1}{\|\boldsymbol{W}\|}\sum_{\boldsymbol{X}^i\in\boldsymbol{M}}Y^i(\boldsymbol{W}^{\mathrm{T}}\boldsymbol{X}^i+\theta)$$

忽略常数项 $\frac{1}{\|\boldsymbol{W}\|}$ 的影响，即得最终的损失函数：

$$L(\boldsymbol{W},\theta)=-\sum_{\boldsymbol{X}^i\in\boldsymbol{M}}Y^i(\boldsymbol{W}^{\mathrm{T}}\boldsymbol{X}^i+\theta)$$

该损失函数是非负的，感知机学习的过程即对损失函数 $L(\boldsymbol{W},\theta)$ 的最优化问题。可以采用上一章的非线性优化中梯度下降的方法来更新每一步的 $\boldsymbol{W}$ 和 θ。对损失函数求偏导得到

$$\nabla_{\boldsymbol{W}}L(\boldsymbol{W},\theta)=-\sum_{\boldsymbol{X}^i\in\boldsymbol{M}}Y^i\boldsymbol{X}^i$$

$$\nabla_{\theta}L(\boldsymbol{W},\theta)=-\sum_{\boldsymbol{X}^i\in\boldsymbol{M}}Y^i$$

实际上，每一步的迭代仅需随机选择一个误分类点即可，则 $\boldsymbol{W}$ 和 θ 的更新函数为

$$\boldsymbol{W}_{\text{new}}=\boldsymbol{W}_{\text{old}}+\eta Y^i\boldsymbol{X}^i$$

$$\theta_{\text{new}}=\theta_{\text{old}}+\eta Y^i$$

上式中，沿着梯度下降方向下降的步长为 $\eta(0<\eta\leqslant 1)$。若把迭代的过程解释为感知机的学习过程，则该步长也称为学习率。学习率过小，则收敛速度慢；学习率过大，则学习过程来回振荡，甚至不会收敛。

8.2.2　单神经元分类器的应用

本小节我们使用机器学习领域经典的鸢尾花数据集进行感知机的计算。该数据集记录了 setosa、versicolour、virginica 3 种鸢尾花的花萼长度、花萼宽度、花瓣长度、花瓣宽度 4 个特征，每种花记录了 50 个数据。关于该数据集的更多信息可以参考：http://archive.ics.uci.edu/ml/datasets/Iris。

对该数据集进行裁剪，选择 setosa 和 versicolour 2 种花的花萼长度、花萼宽度作为分类依据。为了验证分类效果，将数据分为训练集（每种花的 40 条记录）和测试集（每种花的 10 条记录）。构建的训练数据集如图 8－6(a)所示，可以看到数据是线性可分的。数据集的文件格式定义如下所示：

```
80 2
5.1 3.5 1
4.9 3.0 1
……
5.6 3.0  -1
5.5 2.5  -1
```

其中，第一行表示数据集的样本数和样本的特征数，本例中为 80 和 2；其后每一行表示数据的特征和类别。

为可视化学习的过程，使用前述章节中介绍的 EasyX 模块和 Plot 绘图接口，同时参考上一节所讲文件的读/写操作，编写能够读入训练集数据进行感知机学习、读入测试数据进行学习效果测试、可视化迭代学习过程(仅在特征是维度为 2)的程序。

参考代码见 10.2 节中“单神经元分类器代码及数据”部分。程序运行结果如图 8-7 所示。两类数据集被标为不同的形状，同时显示了计算的超平面。如果数据被该超平面正确分类，则填充颜色，否则只绘制轮廓。图中每次迭代高亮显示的数据点都是从当前误分类结果中随机挑选的，用于下一次更新超平面。可以看到，第 $k-1$ 次中白色高亮的数据点将分割超平面朝着有利于自己分类的方向吸引，结果为第 k 次迭代中的结果，第 k 次又随机挑选一个误分类的数据用于更新超平面，结果如 $k+1$ 次所示。超平面在不断地“拉扯”中趋于平衡，即将所有训练数据正确分类。

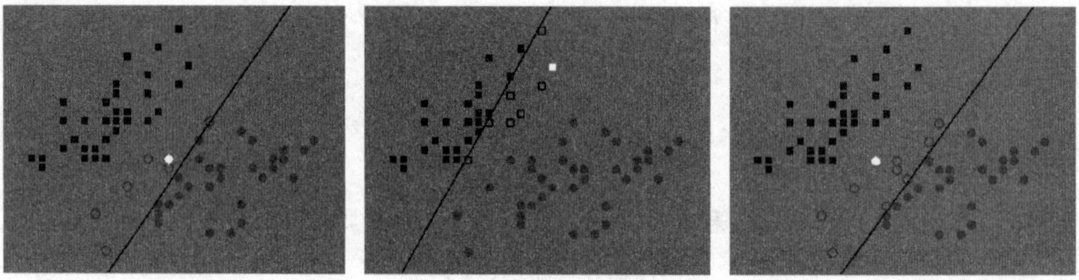

图 8-7 感知机迭代过程示意图

8.3 遗传算法概述及其应用

遗传算法模拟自然选择和自然遗传两个过程中发生的繁殖、交叉和基因突变等规律与现象，按照适应度的大小，从种群中选取适应度相对高的个体，基于选择、交叉、变异，进行个体繁殖，产生更新一代的种群。

8.3.1 遗传算法概述

每一代的种群都由具有一定种群规模的 M 个个体组成。个体是对生物个体的抽象，也对应了优化问题求解空间中的一个解。通过编码，可将某个解映射为一个染色体编码；通过解码，可将染色体编码映射到解空间。编码和解码方法与优化问题相适应，一般如果求解空间是连续的，则多采用二进制编码。

为评估个体的优劣，引入适应度函数的概念。适应度的计算应具体问题具体分析，一般其值越大，则个体越好。

假设某个体的适应度为 $F_i, i=1,2,\cdots,M$。根据适应度可计算出个体 i 被选中遗传到下一代的概率：

$$f_i = \frac{F_i}{\sum_{j=1}^{M} F_j}$$

据此概率可用轮盘赌的方法从某代个体中挑选出遗传到下一代的个体，其中适应度越大的个体被选中的概率也越大。上述操作称为选择算子。

从父代挑选出两个个体后，即可对其进行交叉运算以产生新个体。交叉即交换两父代部分染色体编码，由此产生新个体。该操作是遗传算法中最为重要的步骤。根据优化问题及编码形式的不同，有许多交叉方法。保留交叉后较优的个体，进入下一代。重复上述步骤 M 次，则产生了新的一代。交叉过程的发生控制在交叉概率 P_c 下。随机生成一个 $[0,1]$ 之间的数，如果该数小于 P_c，则发生交叉；否则在两父代中取较优的个体直接进入子代。

变异算子是产生新个体的另一种方法，即让个体的染色体发生突变，可使算法跳出局部极值点，从而提高遗传算法的局部搜索能力。变异操作根据优化问题及编码方式有不同的方法。同样，变异过程的发生也控制在变异概率 P_m 下，随机生成一个 $[0,1]$ 之间的数，如果该数小于 P_m，则个体发生变异；否则不发生。可对生成的子代个体均进行一遍变异操作。

重复上述过程，则种群中的个体将向着最优方向收敛。确定某收敛条件，比如迭代次数、子代最优个体满足某条件等，可停止迭代。

遗传算法中种群规模、交叉概率、变异概率以及编码方式、交叉算子、变异算子均会对算法的收敛性和收敛速度有影响。

图 8-8 展示了利用遗传算法求解如下问题的可视化结果。相关代码可参考 10.3 节“遗传算法求解一元函数极值问题代码”部分内容。

$$\min_{x\in[0,1]} f(x) = 25 + 9x + 10\sin(45x) + 7\cos(36x)$$

可以看到最开始个体分散在整个解空间，随着迭代的进行，个体有朝着局部和全局极小值点聚集的趋势，如第 3、4 次迭代所示。随着迭代的继续进行，处于局部极小值处的点也逐渐向全局极小值聚集。在最后一次迭代完成后，几乎所有的点都聚集到了全局极小值点，但仍有部分点在全局空间进行搜索尝试。

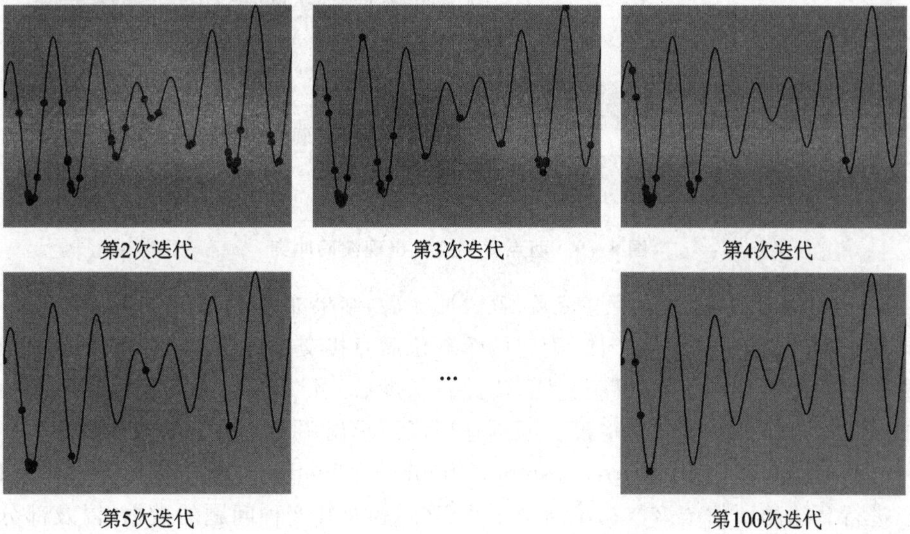

图 8-8　遗传算法求解函数极值可视化结果

8.3.2 遗传算法应用

下面给出用遗传算法求旅行商问题(TSP,Travelling Salesman Problem)的一种方法。假设有 n 个城市,每个城市的坐标为(x_i, y_i),$i=0,1,\cdots,n-1$,则需要设计出一个最优路径,能够使得从某点起遍历所有城市后再返回起点所用的距离最短。自然地,可以使用遍历城市的编号作为染色体编码。因为路径是一个闭环,可以规定都从城市 0 出发,则一个有效编码为 0 开头的一个 n 的全排列。下面着重讲述针对该编码的交叉和变异算子。

交叉可以使用两点交叉,即随机确定除起点外的两个点位,点位所截断的染色体片段即为需要交叉互换的片段。但该方法会导致互换后的染色体片段冲突,如图 8-9 所示。假设有染色体 A 和 B,交叉后得到 A_{new} 和 B_{new},在 A_{new} 中,交叉片段位置为 loc_1 的元素与未交叉片段位置为 loc_2 的元素冲突,则将 B_{new} 中位置为 loc_1 的元素替换到 A_{new} 的 loc_2 位置上。如果还出现冲突,则继续上述操作,直至冲突解除。图 8-10 中 A_{new} 的 loc_2 位置上的 4 替换为 3 后仍冲突,替换为 3 对应的 8 后,仍冲突,直至替换为 8 对应的 6。概括上述过程即要在交换走的片段中寻找一个用于解决当前冲突的缺失的元素。

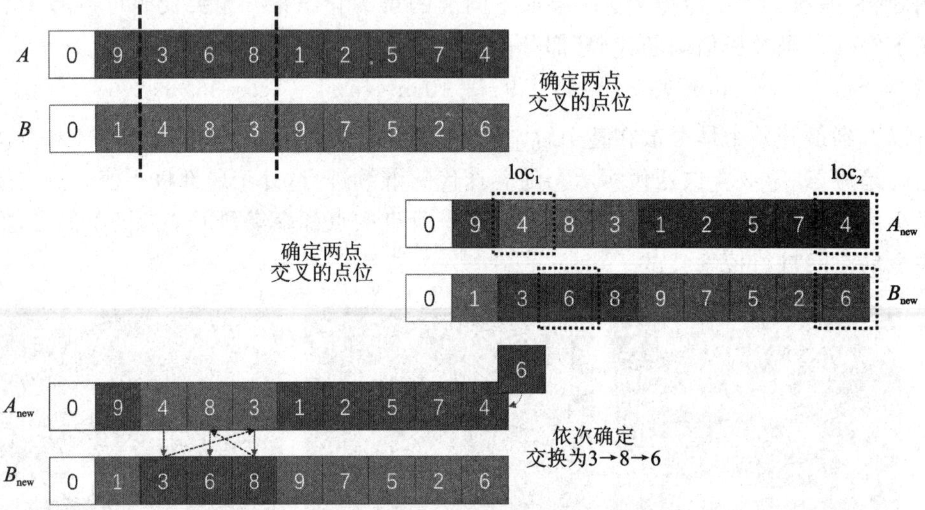

图 8-9 两点直接交叉出现编码冲突

如图 8-9 中所示的染色体经过交叉、解决冲突后,结果如图 8-10 所示。

变异算子相对简单,对于某个体,确定两个点位后直接交换即可。

对种群中的所有个体编码的路径计算出路径长度后,可以确定一个最大路径,该值减去个体自己的路径即可作为个体的适应度。根据适应度可求出用于轮盘赌的选中概率。

另一方面,使用 TSPLIB(http://comopt.ifi.uni-heidelberg.de/software/TSPLIB95)数据集可以进行算法的评估。该数据集给出了 TSP 问题及其变种问题的数据,以及部分数据的最优解。根据最优解可以对算法结果进行评估。

10.4 节中给出了基于 EasyX 的遗传算法求解 TSP 问题的可视化程序,以及 TSPLIB 数据集中 eil51 数据和最优路径。eil51 数据有 51 个城市坐标,其最短路径如图 8-11 所示,为 429.98。

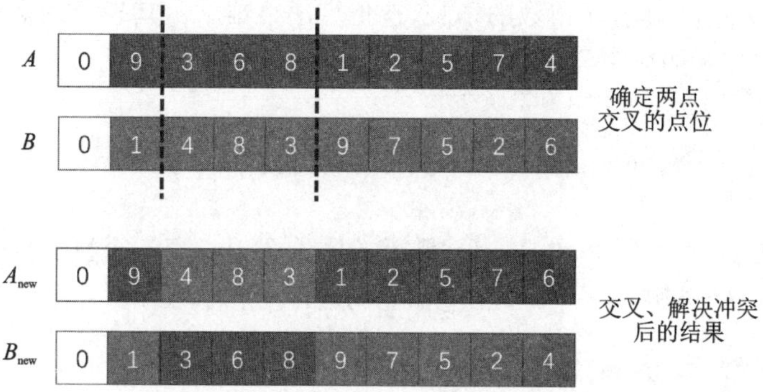

图 8－10　两点交叉的结果

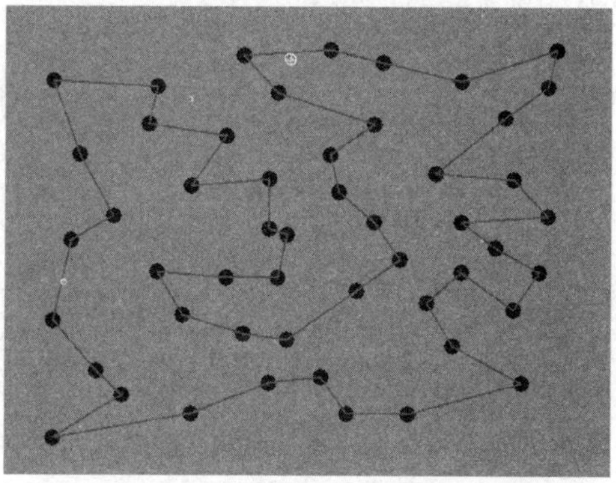

图 8－11　eli51 数据及其最短路径

运行程序，某次迭代结果如图 8－12 所示，图中给出的是每代中最优个体的路径。可以看到路径从最初的杂乱无章逐渐收敛到有序。本次计算得到的路径长度为 487.55，比理论最优

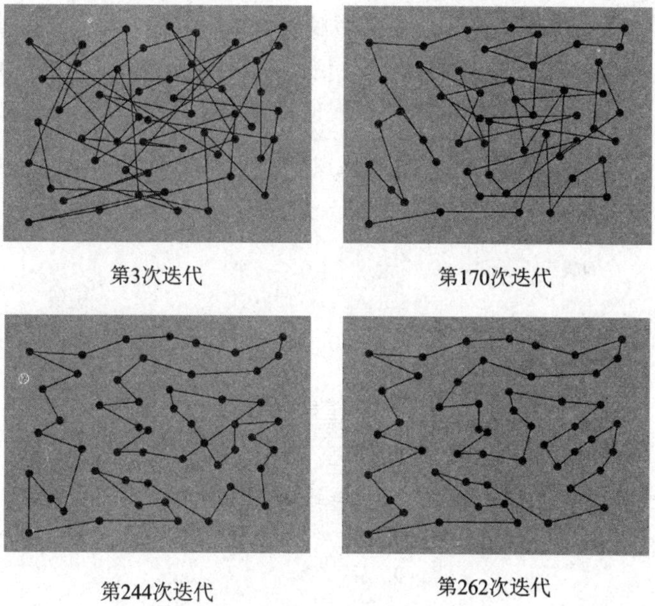

图 8－12　遗传算法求解 TSP 问题结果

解多出 13.4%。事实上，随着城市数的增长，遗传算法很难求出其理论最优解，但在容差范围内的次优解仍具有实际的应用价值。

8.4 粒子群算法概述及其应用

粒子群算法与遗传算法类似，也是一种"撒豆成兵"的算法。每一个粒子与遗传算法中种群里的个体一样，代表了解空间中的一个解。在对解空间进行搜索时，粒子群算法采用了不同的策略。

8.4.1 粒子群算法概述

N 个粒子组成了一个粒子群。每个粒子都有自己的当前位置 $\boldsymbol{p}$、经历过的最好位置 **pBest**、当前速度 $\boldsymbol{v}$ 以及当前适应度 f。当前位置对应于解空间中的一个解，会根据当前速度进行更新。

最为关键的是速度的更新，某个粒子的运动需要考虑当前的速度、自己经历过的最好位置，以及整个群体所经历的最好位置 **gBest**。综合这些因素，速度的更新如下所示：

$$\boldsymbol{v} = w\boldsymbol{v} + c_1 r_1(\mathbf{pBest} - \boldsymbol{p}) + c_2 r_2(\mathbf{gBest} - \boldsymbol{p})$$

式中，w 表示对当前速度的保留程度，其也被称为惯性权重系数；c_1 和以 c_2 为粒子从自身以及群体中进行学习的因子；r_1 和 r_2 为学习的效率，是 [0,1] 的随机数。

获取新的速度后，即可更新粒子的位置 $\boldsymbol{p} = \boldsymbol{p} + \boldsymbol{v}$。到达新位置后，可更新粒子的适应度以及 **pBest**。当所有的粒子都完成某次更新后，可进行 **gBest** 的更新。重复上述过程，整个粒子群即向着最优解的方向运动。

8.4.2 粒子群算法应用

粒子群的结构非常适用于求解多元极值的问题。有 Rosenbrock 函数，定义为 $f(x,y) = (a-x)^2 + b(y-x^2)^2$。一般地，其有一个全局极小值 $(x,y) = (a,a^2)$，此时 $f(a,a^2) = 0$。当 $a = 0.5, b = 100$，并将函数向着 y 方向压缩 2 倍时，即得函数 $f(x,y) = 100(0.5y - x^2)^2 + (x-0.5)^2$，其在 $[0,1]\times[0,1]$ 定义域内仍有极值点 $(a, 2a^2) = (0.5, 0.5)$。绘制其函数图像，如图 8-13 所示。

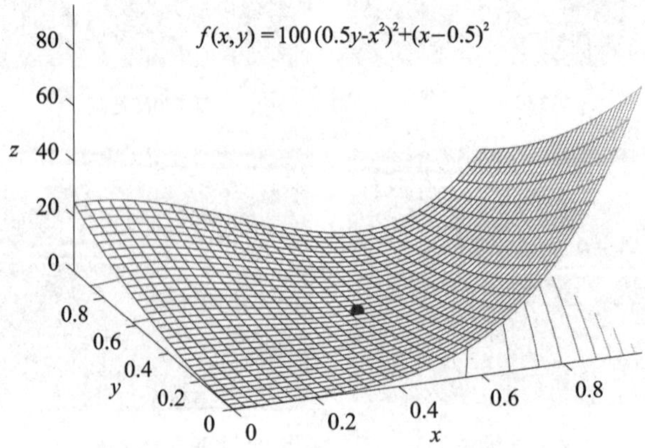

图 8-13　Rosenbrock 函数图像

参考 10.5 节“粒子群算法求解二元函数极值问题代码”，利用 EasyX 在每次更新后绘制出粒子在解空间中的位置，并高亮出当前最优粒子的位置。取粒子群规模 $n=50$，权重值 $w=0.5$，学习因子 $c_1=1.0$ 和 $c_2=1.0$，其他参数参照 10.5 节。运行程序，结果如图 8-14 所示。可以看到初始粒子散布在解空间内，之后朝着函数的最低点移动，直到所有的点均聚集在 (0.5,0.5) 内。

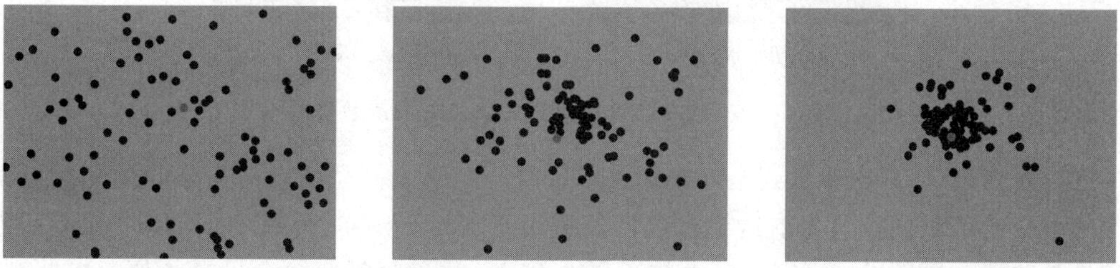

第1次迭代　　第2次迭代　　第3次迭代

图 8-14　粒子群算法求解二元极值问题结果图

粒子群算法的群体数目、惯性权重系数和学习因子影响着算法的收敛性。例如在定义域 $[0,1]\times[0,1]$ 内，定义函数

$$f(x,y)=20+10(x-0.5)^2+10(y-0.5)^2-10\cos[20\pi(x-0.5)]-10\cos[20\pi(x-0.5)]$$

这是一个 Rastrigin 函数，其在定义域内有极值 [0.5,0.5]，图像如图 8-15 所示。函数在定义域内有 100 个极小值点，这就极易使粒子群算法陷入局部最优。设置参数 $[N,w,c_1,c_2]=[100,0.5,1.0,1.0]$，程序某次运行结果如图 8-16 所示。

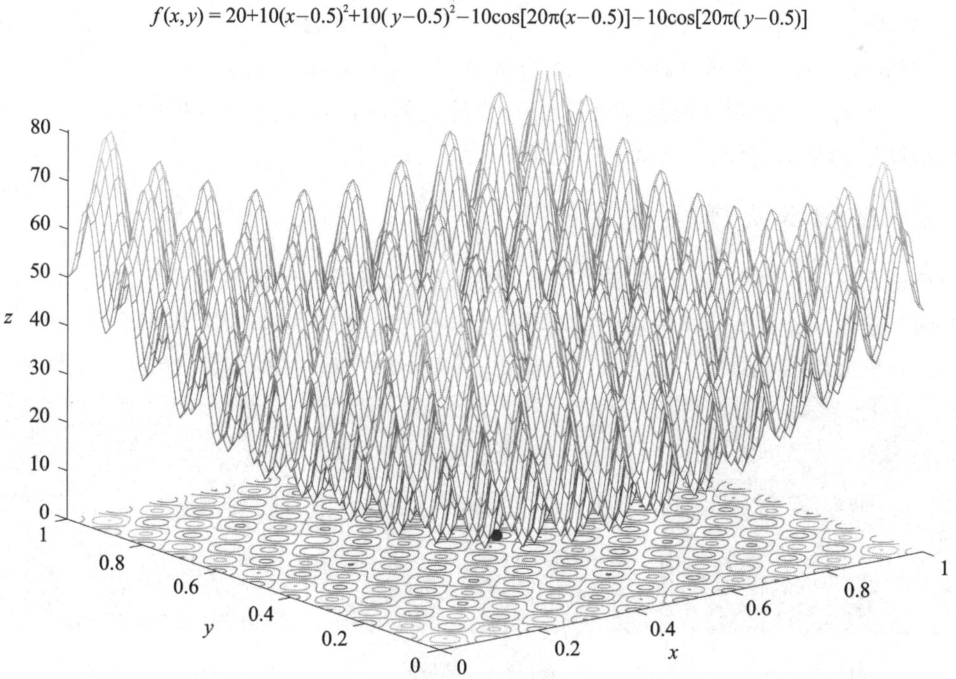

图 8-15　Rastrigin 函数图像

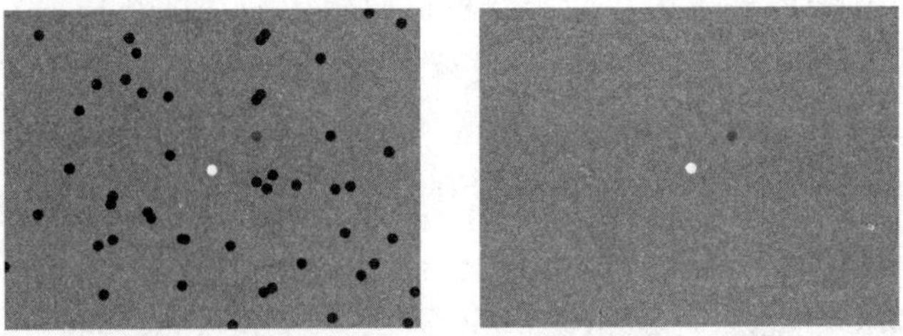

(a) 初始状态　　　　(b) 收敛结果

图 8-16　粒子群算法优化求 Rastrigin 函数极值

可以看到，算法并未收敛到全局最优点（见图（8-16）中高亮的点），而是收敛到靠近其右上角的一个局部最优点。当前这组参数虽然适用于 Rosenbrock 函数，对于 Rastrigin 函数就不容易收敛到全局最优。事实上调大粒子群个数 N，就更容易获得全局最小值。由此看出，不同问题需要的粒子群参数也不同，需要结合具体问题进行参数调整。

8.5　模拟退火算法概述及其应用

模拟退火算法是一种相对简单的全局搜索算法。其根据金属热处理中的退火工艺提出。

8.5.1　模拟退火算法概述

模拟退火算法全程维护一个解 x，并且根据解的优劣提出系统能量的概念，其值越小，则解越优。x 在每一次迭代过程中会因为扰动而生成 x_{new}，如果 x_{new} 能量比 x 小，则将 x 更新为 x_{new}；否则将以概率 $e^{\frac{-\Delta E}{kT}}$ 接受新解，用 x_{new} 更新 x，其中 $\Delta E = E_{x_{\text{new}}} - E_x$。随着迭代的进行，系统对新解的接受意愿将越低；新值能量越高，系统的接受意愿也越低。上述过程称为 Metropolis 准则。该准则是模拟退火算法的关键。随着迭代的进行，温度 T 值会不断减小，迭代在温度达到某值后停止，或者在 x 达到某条件后停止。

8.5.2　模拟退火算法应用

模拟退火算法应用很广，10.6 节中给出用模拟退火求解一元函数极值问题的可视化程序，求解的问题是 8.3.1 小节的算例，结果如图 8-17 所示。在迭代过程中，求解会陷入局部最优，但最终仍有机会跳出局部最优而进入全局最优；随着不断冷却，解将很难跳出全局最优的位置。

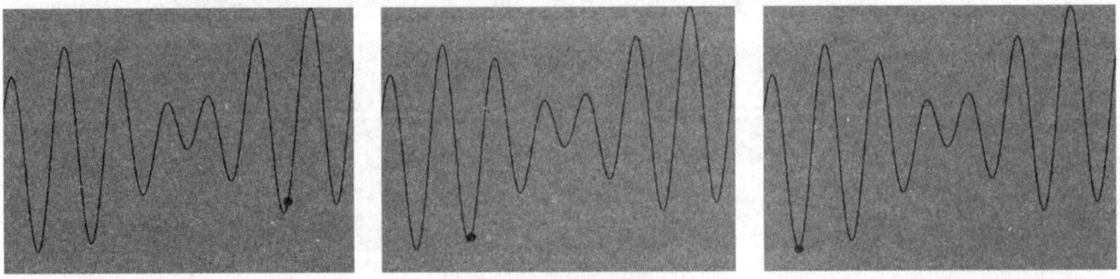

(a) 初始状态　　　　(b) 进入局部最优　　　　(c) 进入 全局最优

图 8-17　模拟退火算法求解一元函数极值的迭代过程

8.6　课后习题

一、填空题

1. 传统优化算法可以分为两大类，即________、________。

2. 神经元即神经细胞，其结构中，________相当于信号的输入端，其接收的信号相当于 M－P 模型中的________；________相当于信号的输出端；树突接收的信号汇总到神经元处理时，强弱不同，在 M－P 模型中刻画信号强弱的是________。

3. M－P 模型的核心思想是________、________。

4. 基本遗传算法的 3 个要素是________、________和________，其中遗传算子分为________、________和________。

5. ________表征个体的优良程度，可根据其计算每个个体选中进入下一代的概率。实现选择的方法是________。

6. 粒子群算法中，速度更新公式为__________________。

二、简答题

1. 现有两个二维分类器，$\boldsymbol{W}_1=(1,-1)$，$\theta_1=1$，以及 $\boldsymbol{W}_2=(-1,1)$，$\theta_2=-1$。已知数据(0,2)类别为 1，数据(1,1)类别为－1。根据上面的公式，检验上述两个分类器哪个可以正确将数据进行分类。在平面上绘制出上述两个分类器对应的直线，体会两者的差异。

$$f(\boldsymbol{X})=\text{sign}\ (\boldsymbol{W}^{\mathrm{T}}\boldsymbol{X}+\theta)=\begin{cases}1, & \boldsymbol{W}^{\mathrm{T}}\boldsymbol{X}+\theta\geqslant 0\\ -1, & \boldsymbol{W}^{\mathrm{T}}\boldsymbol{X}+\theta<0\end{cases}$$

2. 假设用遗传算法求解 0－1 背包问题，且物品个数 $n\leqslant 64$。用文字描述你的编码方案，以及交叉、变异算子。

3. 参考 7.5 节中对线材下料优化问题的描述，设计一套编码方式及基于该编码方式的交叉、变异算子。

4. 简述种群规模、选择操作、交叉概率、变异概率对遗传算法收敛性的影响。

5. 粒子群算法中，粒子速度的更新受哪三个因素的影响？如果忽略某部分影响，会对算法产生什么影响？

6. 简述模拟退火算法中的 Metropolis 准则。

三、编程题

1. 参考对 PGM 图像进行模糊处理的程序，编写能够对图片进行反色处理的程序。程序采用文件进行输入和输出，系统输入程序的第一个参数为输入图片路径，第二个参数为输出图片路径。

2. 参考 10.2 节中的单神经元分类器代码，利用其中给出的训练集数据和测试集数据，进行以下实验：

(1) 多次运行代码，总结最终收敛结果的大概范围。

(2) 固定 $\boldsymbol{W}$ 和 θ 的初始值，设置一个相对较大的迭代次数。按照数量级梯度更改学习率，每个学习率下进行若干次实验，统计每次实验结果是否收敛以及所用迭代的次数，总结出学习率对算法收敛性及收敛速度的影响。

(3) 通过实验(2)，你已经知道了比较合适的学习率，固定该学习率，继续进行实验。根据实验(1)你也能总结最终收敛到的 $\boldsymbol{W}$ 和 θ 的大概范围。如果给定的初始值在此大概范围内，观察收敛的速度；如果不在此区间，观察下一次迭代选择的数据点是怎样把超平面(特征点为 2 时，为直线)朝着有利于自己的方向改变的。总结初始值对收敛速度的影响。

3. 参考 10.3 节中的遗传算法求解一元函数极值代码，进行以下实验：

(1) 保持其他参数不变，减小下面函数中三角函数的周期，以增加函数的极值个数，观察算法的收敛性：

$$f(x)=25+9x+10\sin(45x)+7\cos(36x)$$

(2) 仅改变种群个数，探究算法的收敛性。

(3) 分别改变交叉概率和变异概率，探究这两个参数如何影响收敛性。

4. 参考 10.4 节中的遗传算法求解 TSP 问题代码，进行以下实验：

(1) 尝试从 TSPLIB 数据库中选择更多的数据集，并进行求解，体会参数对于收敛结果的影响。

(2) 按照 10.4 节所示的数据格式，手动编写简单的 TSP 数据，尝试用本算法运行求解。

(3) 利用前述文件读/写的方法编制程序，生成沿圆周均布的 100 个点作为 TSP 问题的数据集，并自动生成最优路径，即沿着编号依次通过各个点。利用遗传算法求解该数据集，体会遗传算法的适用范围。

5. 网站 https://www.sfu.ca/~ssurjano/optimization.html 给出了一系列用于测试优化算法性能的特殊函数。挑选你感兴趣的图形，用粒子群算法进行搜索。

6. 参考 10.6 节中模拟退火算法代码，用该方法实现 8.4.2 小节 Rosenbrock 函数的极值。

8.7 上机任务

背包问题是一类经典的优化问题，其中一类称为 01 背包问题。假设有 n 个物品，其重量为 w_i，$1\leqslant i\leqslant n$，价值为 v_i，$1\leqslant i\leqslant n$；另有一个可容纳总重量为 W 的背包。要求找到总价值最大的一个装包方案。

设有 10 个物品，有一个背包可装载的物品总重量为 67，物品重量和价值为

$$w=[23,26,20,18,32,27,29,26,30,27]$$

$$v=[505,352,458,220,354,414,498,545,473,543]$$

1. 根据上述数据和你设计的 01 背包问题的遗传算法编码方案，用遗传算法进行求解。不要求进行文件读/写、可视化，仅打印出每次迭代最优个体的装包方案和装包总价值。

2. 用模拟退火算法进行上述问题的求解。

第 9 章　部分课后习题参考答案

9.1　第 1 章课后习题参考答案

一、填空题

1. struct

2. 有限性　　确定性　　可行性　　输入　　输出

3. 正确性　　复杂性　　稳定性　　可读性

4. 舍入误差

5. 32　4　1　8　23

　64　8　1　11　52

6. $(-1)^1(1.111)_2\times 2^2 1$　1 025　0.111

7. $-\infty$　NaN　+4.408E−39　−9.0

8. 计算误差

9. 避免两相近数相减　避免除数的绝对值远小于被除数　避免大数吃小数　减少运算次数

10. $\dfrac{n(n+1)}{2}$　n　秦九韶　n　n

二、改错题

1. 程序中的错误如下：

① 结构体定义的末尾缺少分号。

② 宏定义行末不应加分号。

③ scanf 函数中，数值类型变量前应加上取地址符号“&”；double 类型对应“%lf”而非“%f”。

④ for 循环语句后面不应加分号。

⑤ 对存在重合点的情况不予处理，可能导致夹角公式的分母为零。

⑥ 向量夹角公式中，$\cos\theta=\dfrac{(\boldsymbol{a},\boldsymbol{b})}{|\boldsymbol{a}|\cdot|\boldsymbol{b}|}$。

⑦ 三角形面积公式中，“1”和“2”均为整型，1/2＝0，导致面积 $S\equiv 0$，判断结果出错。

⑧ C 语言中，不能直接用“==”判断两个浮点数是否相等。

改正后的程序如下：

```
#include < stdio.h >
#include < math.h >
#define e1 1e-4
#define e2 1e-6
typedef struct                              // 结构体数组，存储二维点或向量
```

```
{
    double x;
    double y;
}mPoint2D, mVector2D;

int main()
{
    int i = 0;
    mPoint2D p[3];                          // 结构数组,存储三个二维点坐标
    mVector2D v1, v2;                       // 定义两个二维向量,便于求点积
    double s, theta, a, b;
    for (i = 0; i < 3; i++)
        scanf("%lf %lf", &p[i].x, &p[i].y);
    v1 = mGetVector(p[0], p[1]);            // 计算点 p1、p2 构成的向量
    v2 = mGetVector(p[0], p[2]);            // 计算点 p1、p3 构成的向量
    a = mGetLength(v1);
    b = mGetLength(v2);                     // 求以 p1 为顶点的两向量的模
    v1 = mGetUnitVector(v1, e1);
    v2 = mGetUnitVector(v2, e1);
    if (fabs(a) < e1 || fabs(b) < e1)
    {//若有一边的长度为小于给定的容差,则认为存在重合点,三点共线,退出程序
        printf("三点共线\n");
        return 0;
    }
    theta = mDotProduct(v1, v2);            // 求以 p1 为顶点的两向量的点积
    theta = acos(theta / (a * b));          // 求 p1 处两向量夹角的余弦
    s = 1. / 2. * a * b * sin(theta);       // 求三角形面积
    if (fabs(s) < e2)                       // 若三角形面积小于给定的容差
        printf("三点共线\n");
    else
        printf("三点不共线\n");
    return 0;
}
```

注：另有 $2S_{\triangle ABC}=\left|\det\begin{pmatrix}x_A-x_C & x_B-x_C\\ y_A-y_C & y_B-y_C\end{pmatrix}\right|=\left|\det\begin{pmatrix}1&1&1\\x_A&x_B&x_C\\y_A&y_B&y_C\end{pmatrix}\right|$

$$S_{\triangle ABC}=\frac{1}{2}\times\left|(x_Ay_B-x_By_A)+(x_By_C-x_Cy_B)+(x_Cy_A-x_Ay_C)\right|$$

除计算三角形面积的方法外,还可通过计算三点所构成的任意两向量夹角判断三点是否共线;若以直线斜率进行判断,则需注意直线斜率不存在的情况。

2. 程序中的错误如下:

① 变量 power 和 fac 在使用前未赋值,在程序运行过程中出现溢出错误。

② 0 的阶乘为 1。在原程序中,在 $i=0$ 时,fac 计算结果为 0。

改正后的程序如下：

```
#include < stdio.h >
#include < math.h >

#define eps 1e-7                                  // 给定容差参数
#define MAXIT 100                                 // 定义最大迭代次数

int main()
{
    int i = 0;                                    // x 的次数
    double x, power, fac, sum = 0., delta;        // 变量声明
    printf("输入 x:");
    scanf("%lf", &x);
    power = 1;
    fac = 1;
    sum += 1;
    for (i = 1; i < MAXIT; i++)
    {
        fac = fac * i;                            // i 的阶乘
        power = power * x;                        // x 的 i 次幂
        delta = power / fac;
        if (fabs(delta) < eps)
            break;
        sum += delta;                             // 多项式的和
    }
    if (i == MAXIT)                               // 达到最大迭代次数
    {
        return 0;
    }
    return 1;
}
```

三、简答题

1. 试构造一个算法，使其时间复杂度为 $O(2^{2^n})$。

```
long long Fibonacci(int n)
{
    if (n <= 1)
        return n;
    else
        return Fibonacci(n - 1) + Fibonacci(n - 2);
}
```

上述算法可用于求解斐波那契数列，时间复杂度为 $O(2^n)$，对其进行一次嵌套所得算法的时间复杂度即为 $O(2^{2^n})$。

2. 避免相近数相减：

(1) $\dfrac{e^{2x}-1}{2}=\dfrac{e^{x}(e^{2x}-e^{-2x})}{2(e^{x}+e^{-x})}$；

(2) $\sqrt{x+\dfrac{1}{x}}-\sqrt{x-\dfrac{1}{x}}=\dfrac{2}{x\left(\sqrt{x+\dfrac{1}{x}}+\sqrt{x-\dfrac{1}{x}}\right)}$。

3. 结果如表 9-1 所列。

表 9-1　I_n 的值及绝对误差

n	1	2	3	4	5	6	7	8	9
I_n	0.367 879	0.264 242	0.207 274	0.170 904	0.145 480	0.127 120	0.110 160	0.118 720	−0.068 480
ε_n	4.41×10^{-7}	8.82×10^{-7}	2.65×10^{-6}	1.06×10^{-5}	5.29×10^{-5}	3.18×10^{-4}	2.22×10^{-3}	1.78×10^{-2}	1.60×10^{-1}

分析：随着 n 不断增大，I_n 的绝对误差也越来越大。这是因为，在计算 I_2 时，I_1 的舍入误差被扩大了 2 倍，I_3 的误差则是在 I_2 的基础上扩大了 3 倍，以此类推，I_9 的误差被扩大了 $2\times3\times\cdots\times9=9!$ 倍。

改进：若将本题中的递推关系表示成

$$I_{n-1}=\frac{1-I_n}{n}$$

这样，每一步的计算都将使 I_n 的误差缩小为原来的 $\dfrac{1}{n}$。

四、编程题

1. 参考下面的程序代码：

```
typedef struct
{
    int a;
    double b;
}test;                              // 结构体定义
test s = { 1, 2.0 };                // 声明结构体 s 并赋初值
```

2. 下面是源文件 mPoint3D 的内容：

辗转相除算法部分 C 语言代码如下：

```
int mFindGCD(int a, int b)          // 求最大公约数的函数
{
    int r;                          // 余数
    int gcd;                        // 最大公约数
    if (b > a)                      // 若 b>a,交换二者的值,确保 a≥b
        mExchange(a, b);
    r = a % b;                      // 用 b 对 a 取余
    while (r ! = 0)                 // 辗转相除,直至余数为零
    {// 余数不为零时,令原除数为新被除数,原余数为新除数
```

```
        a = b;
        b = r;
        r = a % b;                  //用 b 对 a 取余
    }
    gcd = b;                        //最终的除数为最大公约数
    return gcd;                     //返回 a 与 b 的最大公约数
}
```

3. 浮点数的运算

(1) 提示：当 $x\to 0^+$ 时，$\cos x\approx 1$，为避免两相近数相减，可进行如下等价转化：

$$\frac{1-\cos x}{\sin^2 x}=\frac{(1-\cos x)(1+\cos x)}{(1+\cos x)\sin^2 x}=\frac{1}{1+\cos x}$$

(2) 提示：容易得方程的精确解为 $x_1=10^9$，$x_2=1$。

若用求根公式直接求解，则

$$x_1=\frac{-b+\sqrt{\Delta}}{2a}\approx 10^9$$

$$x_2=\frac{-b-\sqrt{\Delta}}{2a}\approx 0$$

由于 $-b=10^9+1\approx 10^9$，$\sqrt{\Delta}\approx 10^9$，导致 $x_2=0$，产生了误差。

若对求根公式进行适当变形，则可以得到精度更好的解：

$$x_2=\frac{-b-\sqrt{\Delta}}{2a}=\frac{2c}{-b+\sqrt{\Delta}}\approx\frac{2\times 10^9}{10^9+10^9}=10^{-9}$$

9.2　第 2 章课后习题参考答案

一、填空题

1. ① 函数定义　② 函数声明　③ 函数调用
2. 函数头　函数体
3. 函数类型　函数名　参数列表
4. 函数调用　函数类型　函数名　数据类型及顺序
5. 数据类型及顺序
6. 连续　$f(a)f(b)<0$
7. $x_{k+1}=\varphi(x_k)$　$\dfrac{x_k x_{k+2}-x_{k+1}^2}{x_{k+2}-2x_{k+1}+x_k}$　埃特金加速
8. $x_{k+1}=x_k-\dfrac{f(x_k)}{f'(x_k)}$　平方收敛性
9. 初值　下山因子 λ　$x_{k+1}=x_k-\lambda\dfrac{f(x_k)}{f'(x_k)}$　牛顿下山法
10. 单点弦截法　平均变化率(弦线斜率) $\dfrac{f(x_k)-f(x_0)}{x_k-x_0}$

二、改错题

① 函数的宏定义缺少小括号，容易出现歧义；

② 由于未给 x 赋值，在第一次执行循环条件时，x 的值是随机的；

③ 未设置容差参数，直接用"＝＝"判断两个浮点数相等，很可能导致死循环；

④ 二分法确定根所在区间时，判断条件的不等号设置反了；

⑤ 未设置最大迭代次数，若存在不收敛或收敛很慢的情况，则程序难以正常结束。

⑥ C 标准不支持引用

修改后的程序如下：

```
/* 因 C 标准不支持引用，需将后缀改为 .cpp */
#include <stdio.h>
#include <math.h>

//函数 f(x) = x^3 - 3x - 1 以宏定义的方式给出
#define f(x) ((x) * (x) * (x) - 3 * (x) - 1)
#define EPS 1e-5                 // 容差参数
#define MAXIT 100                // 最大迭代次数
int mBisection(double a, double b, double& x);

int main()
{
    double a = 1, b = 2, x;
    int flag = mBisection(a, b, x);
    switch (flag)
    {
    case -1:
    {
        printf("达到最大迭代次数。\n");
        break;
    }
    case 0:
    {
        printf("区间端点不符合零点存在条件。\n");
        break;
    }
    case 1:
    {
        printf("二分法求解得到的根是%f\n", x);
        break;
    }
    default:
    {
        printf("未知的程序错误。\n");
        break;
```

```
        }
    }
}

int mBisection(double a, double b, double& x)
{
    x = 0.5 * (a + b);
    int i = 0;
    if (f(a) * f(b) >= 0)
    {
        return 0;
    }
    while (fabs(f(x)) > EPS)
    {
        i++;
        if (i >= MAXIT)
        {
            return -1;
        }
        x = (a + b) / 2.;
        double c = f(a), d = f(x);
        if (f(a) * f(x) < 0.)
            b = x;
        else
            a = x;
    }
    x = (a + b) / 2.;
    return 1;
}
```

三、简答题

1. 定点法收敛条件：① 当 $x\in[a,b]$时，$\varphi(x)\in[a,b]$；② 对任意 $x\in[a,b]$，存在 $0<L<1$，使$|\varphi'(x)|\leqslant L<1$。

2. 流程图如图 9-1 所示。

3. 牛顿迭代法的收敛条件如下：

① $f(x)$在$[a,b]$上存在连续的二阶导数；

② $f(a)f(b)<0$；

③ $f'(x)\neq 0$；

④ $f''(x)$保号，即在$[a,b]$上恒有 $f''(x)>0$ 或 $f''(x)<0$；

⑤ $\left|\dfrac{f(a)}{f'(a)}\right|\leqslant b-a$，$\left|\dfrac{f(b)}{f'(b)}\right|\leqslant b-a$。

四、编程题

1. 解题思路：构造函数 $f(x)=x^{-1}-a$，则原问题可等价转化为求方程 $f(x)=x^{-1}-a$

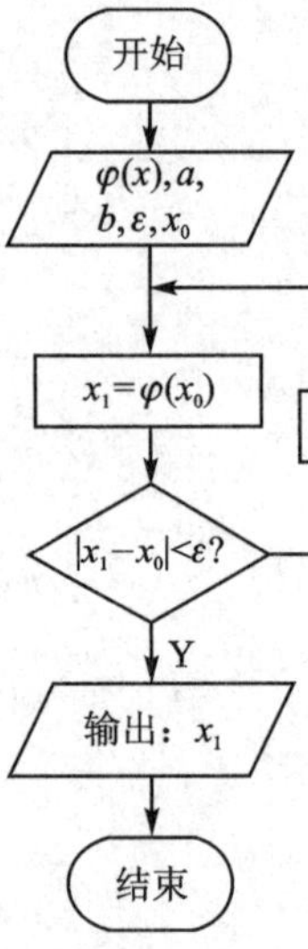

图 9-1 流程图

的根。$f'(x)=-x^{-2}$，由牛顿迭代公式，可构造迭代序列 $x_{k+1}=2x_k-ax_k^2$。

2. 显然，$f(x)$的零点为 $x^*=a$。当 $x\to a$ 时，$f'(x)\to\infty$，不满足牛顿迭代公式的收敛条件，故不收敛。

9.3　第 3 章课后习题参考答案

一、填空题

1. 大小　类型　顺序

2. 0

3. 编译

4. 高斯消元法　列主元素法　追赶法

5. 消元　回代　三角形

二、改错题

① 定义了 int 型的系数矩阵和方程的解，在做除法运算时，将做取整操作，导致结果出错；

② 数组索引从 0 开始，而不是 1；

③ 消元过程的第一层循环是从第 1 行开始的，依次搜索对角线元素，直至第 $n-1$ 行；

④ 消元之后得到上三角形，则回代过程应当从最下面一行开始；

⑤ 该程序为消元和回代过程分别设置的数组 c 和 d 以存储中间量，这是不合理的，浪费了存储空间。定义一个临时的 double 型变量即可。

三、简答题

1. 参数 2 与参数 3(b 和 x)的调用形式不同，b 为数组名调用，而 x 为指针调用。二者最大的区别在于传参：在本例中，main 函数中调用 mySolveEqus 函数（下称子函数），则子函数中对 b(形参)进行的所有操作，都不会影响到 main 函数中 b(实参)中元素的值；而在子函数中对 x(形参)进行的修改，将会传递回 main 函数中的 x(实参)。

2. 数组的特点：

① 一个数组中的所有元素都属于同一类型；

② 可通过下标直接访问指定位置的数组元素；

③ 数组可将数据间的逻辑关系转换为位置关系；

④ 数组为静态结构，其声明中“[]”内为常量表达式，即数组的大小在编译时就已经确定了。

3. $O(n^3)$。

4. 列主元素法是基于高斯消元法引出的一种算法。两种方法的基本思路都可分为消元和回代两个过程。二者的区别在于：列主元素法在每一次消元之前都寻找当前列系数的绝对值最大者作为主元素，并通过交换行，使主元素位于对角线上。

5. 证明：(1) $\|\boldsymbol{X}\|_\infty = \max\limits_{1\leqslant i\leqslant n}|x_i| \leqslant |x_1|+|x_2|+\cdots+|x_n| = \|\boldsymbol{X}\|_1$

$$\|\boldsymbol{X}\|_1 = |x_1|+|x_2|+\cdots+|x_n| \leqslant n\cdot\max_{1\leqslant i\leqslant n}|x_i| = n\|\boldsymbol{X}\|_\infty$$

故 $\|\boldsymbol{X}\|_1$ 与 $\|\boldsymbol{X}\|_\infty$ 等价。

(2) $\|\boldsymbol{X}\|_\infty = \max\limits_{1\leqslant i\leqslant n}|x_i| = \max\limits_{1\leqslant i\leqslant n}\sqrt{|x_i|^2} \leqslant \sqrt{|x_1|^2+|x_2|^2+\cdots+|x_n|^2} = \|\boldsymbol{X}\|_2$

$$\|\boldsymbol{X}\|_2 = \sqrt{|x_1|^2+|x_2|^2+\cdots+|x_n|^2} \leqslant \sqrt{n}\cdot\max_{1\leqslant i\leqslant n}\sqrt{|x_i|^2} = \sqrt{n}\,\|X\|_\infty$$

故 $\|\boldsymbol{X}\|_2$ 与 $\|\boldsymbol{X}\|_\infty$ 等价。

6. 解：$\boldsymbol{A}$ 的逆矩阵为

$$\boldsymbol{A}^{-1} = \begin{bmatrix} 1 & -\frac{1}{3} & -\frac{2}{3} \\ -1 & \frac{2}{3} & \frac{1}{3} \\ 0 & \frac{1}{3} & \frac{2}{3} \end{bmatrix}$$

$$\|\boldsymbol{A}\|_\infty = 5,\quad \|\boldsymbol{A}^{-1}\|_\infty = 2,\quad \|\boldsymbol{b}\|_\infty = 5,\quad \mathrm{cond}_\infty(\boldsymbol{A}) = \|\boldsymbol{A}\|\cdot\|\boldsymbol{A}^{-1}\| = 10$$

$$\frac{\|\Delta x\|_\infty}{\|x\|_\infty} \leqslant \mathrm{cond}_\infty(\boldsymbol{A})\cdot\frac{\|\Delta \boldsymbol{b}\|_\infty}{\|\boldsymbol{b}\|_\infty} = 10\times\frac{10^{-5}}{5} = 2\times10^{-5}$$

7. 由表 3-1，得

$$\begin{cases} -a_3+4a_2-a_1+a_0=7 \\ a_0=1 \\ a_3+a_2+a_1+a_0=3 \\ 8a_3+4a_2+2a_1+a_0=-5 \end{cases}$$

$$P(x) = 3x^3+4x^2+x+1$$

8. 解：(1) $\mathrm{cond}_\infty(A)\approx 2\ 249$。

(2) $\mathrm{cond}_\infty(A)\approx 4.000\ 04\times10^5$。

(3) $\mathrm{cond}_\infty(A)\approx 4\ 488$。

9. 解：(1) 5 阶 Hilbert 矩阵 $\boldsymbol{H}_5$ 的条件数为 $\mathrm{cond}(\boldsymbol{H}_5)\approx 476\ 607$。

(2) 10 阶 Hilbert 矩阵 $\boldsymbol{H}_{10}$ 的条件数为 $\mathrm{cond}(\boldsymbol{H}_{10})\approx 1.602\ 50\times10^{13}$。

(3) 15 阶 Hilbert 矩阵 $\boldsymbol{H}_{15}$ 的条件数为 $\mathrm{cond}(\boldsymbol{H}_{15})\approx 2.495\ 95\times10^{17}$。

四、编程题

1. 各阶方程的解如表 9-2 所列。

表 9-2　用 5、10、15 阶 Hilbert 矩阵 H_n 求解 $H_nX=[1,\cdots,1]^T$

方程阶数	解向量
5	[5, −120, 630, −1 120, 630]
10	[−9.997, 989.8, −23 755.1, 240 195.7, −1 261 048.6, 3 783 198.5, −6 725 765.5, 7 000 357.2, −3 937 735.4, 923 673.4]
15	[11.092, −1 586.6, 54 826.3, −791 443.4, 5 808 161.0, −23 006 781.9, 44 654 063.2, −6 879 085.2, −152 545 095.6, 295 700 719.3, −149 376 076.4, −216 746 538.1, 379 046 504.6, −225 627 969.6, 49 710 478.4]

2. 答案同上。
3. $x=[0,1,2,3,4]^T$。
4. 略。
5. 根据电路相关知识,列出如下方程组:

$$\begin{bmatrix}1.7 & -1 & 0 & -0.2\\ 1 & -1.6 & 0.6 & 0\\ 1 & -1 & -0.5 & 0.5\\ 0.5 & 0 & 0 & 0.4\end{bmatrix}\begin{bmatrix}v_1\\ v_2\\ v_3\\ v_4\end{bmatrix}=\begin{bmatrix}6\\ 0\\ 0\\ 6\end{bmatrix}$$

解得 $v_1=8.53$ V,$v_2=7.63$ V,$v_3=6.13$ V,$v_4=4.34$ V。

9.4　第 4 章课后习题参考答案

一、填空题

1. 地址
2. 地址(&)
3. 2　1
4. 15
5. 指针　malloc(　)　free(　)
6. 程序运行
7. b=(double *)malloc(sizeof(double) * 5)
8.

$$x_i^{(k+1)}=\frac{1}{a_{ii}}\left(b_i-\sum_{j=1}^{i-1}a_{ij}x_j^{(k+1)}-\sum_{j=i+1}^{n}a_{ij}x_j^{(k)}\right)$$

9.

$$x_i^{(k+1)}=\frac{1}{a_{ii}}\left(b_i-\sum_{\substack{j=1\\ j\neq i}}^{n}a_{ij}x_j^{(k)}\right)$$

10. $i-1$

二、改错题

① 对于常量的宏定义语句末尾不需要分号；

② 函数 GaussSeidel 在未声明时就进行了调用；

③ 利用 malloc 函数分配动态内存，得到的应该是一个指针，该源文件中关于向量 ***B*** 和 ***X*** 的定义出错；

④ 函数定义的函数头末尾不应该添加分号；

⑤ 在函数声明和定义中，参数 1 为二维矩阵，其类型为 double**，或可表示为 M*；参数 3 和参数 6（B 和 X）为向量，类型为 double*；

⑥ 提前执行 free 函数，导致后续无法再通过指针 A、B 和 X 访问相应内存；

⑦ 在对矩阵进行初始化时，每一次赋值都是一条完整的语句，不能用“，”做分隔。

修改后的程序代码如下：

```
#include < stdbool.h >
#include < math.h >
#include < malloc.h >
#include < memory.h >
#include < stdio.h >

#define EPS 1e-5
#define MAXIT 1000

typedef double *M;

bool GaussSeidel(M* A, int n, double* B, double e, int max, double* X);
M* mCreate(int nRow, int nCol);                    // 分配内存,模拟二维数组
void mFree(M* m);                                  // 释放内存
bool initM(M* A, double* B, int n);

int main()
{
    M *A;
    int n = 3;
    double *B, *X;
    A = mCreate(n, n);
    B = (double *)malloc(n * sizeof(double));      // 常数项
    X = (double *)malloc(n * sizeof(double));      // 解向量
    initM(A, B, n);
    if (GaussSeidel(A, 3, B, EPS, MAXIT, X))
    {
        for (int i = 0; i < 3; i++)
        {
            printf("%.6f\n", X[i]);
        }
    }
```

```
    free(B);
    free(X);
    mFree(A);
    B = NULL; X = NULL; A = NULL;
    return 0;
}

bool GaussSeidel(M * A, int n, double * B, double e, int max, double * X)
{
    int i, j, k;
    double d, err; // err - 新的 X[i]与旧的 X[i]相应分量差值的绝对值最大者
    if (n < 2)
        return false;
    for (i = 0; i < n; i++)
    {
        if (fabs(A[i][i] < 1e-50))        // 若对角线元素为 0,算法失效
            return false;
        X[i] = 0.;                        // 赋初值
    }
    for (k = 0; k < max; k++)             // 迭代
    {
        err = 0.;                         // 重置所有分量的最大差值
        for (i = 0; i < n; i++)
        {
            d = X[i];                     //保存旧的 X[i]
            X[i] = B[i];
            for (j = 0; j < n; j++)
            {
                if (i != j)
                {
                    X[i] -= A[i][j] * X[j];
                }
            }
            X[i] /= A[i][i];              // 得到新的 X[i]
            d = fabs(X[i] - d);           // 第 i 个分量差值的绝对值
            if (err < d)
                err = d;                  // 找到所有分量中,变化最大的
        }
        if (err < e)
            break;                        // 若满足精度要求,则结束当前迭代
    }
    return k < max ? true : false;        // 判断是否达到最大迭代次数
}
```

```
M * mCreate(int nRow, int nCol) // 给 nRow 行 nCol 列的矩阵分配内存
{
    if (nRow < 1 || nCol < 1)
        return NULL;
    M * m = (M * )malloc(sizeof(double * ) * nRow);
    m[0] = (double * )malloc(sizeof(double) * nRow * nCol);  // m[0]指向首地址
    for (int i = 1; i < nRow; i++)
        m[i] = m[i - 1] + nCol;       // 指针右移 nCol,指向模拟二维数组的下一行
    return m;
}

void mFree(M * m)
{
    if (m)
    {
        if (m[0])
            free(m[0]);
        free(m);                      // 释放内存
    }
}

bool initM(M * A, double * B, int n)
{
    if (A && B)
    {
        A[0][0] = 6; A[0][1] = -2; A[0][2] = 1; B[0] = 5;
        A[1][0] = 3; A[1][1] = -12; A[1][2] = 7; B[1] = -2;
        A[2][0] = -4; A[2][1] = -1; A[2][2] = 8; B[2] = 3;
        return true;
    }
    else
    {
        return false;
    }
}
```

三、简答题

1. 指针是一种以计算机内存地址为值的派生的数据类型,可以用于访问和操作内存中的数据。

在初始化之前,指针变量的值是随机的,这些值会被解释为内存地址,而编译器不会判断这些值的合理性,即它们可能不是计算机的有效地址。因此,如果不对指针变量进行初始化,则它可能指向一个错误的地址而导致程序运行出错。因而在指针变量声明之后,需要对其进行初始化。

使用赋值运算符"="即可对已声明的指针变量赋初值。

2. ① 高斯-赛德尔法与雅可比法十分相似，关键的区别在于，前者在计算第 $k+1$ 次迭代中的第 i 个分量时，使用本次迭代中的前 $i-1$ 个分量，而不是上一次迭代中的值。

② 由于及时采用了更接近真实解的分量进行计算，因而高斯-赛德尔法往往比雅可比法收敛得更快。

③ 雅可比迭代法的每一步迭代中，计算近似解的各个分量没有先后之分，适合进行并行计算。

3. 若迭代矩阵 $\boldsymbol{B}$ 的某种范数 $\|\boldsymbol{B}\|<1$，则由 $\boldsymbol{X}^{(k+1)}=\boldsymbol{B}\boldsymbol{X}^{(k)}+\boldsymbol{F}$ 确定的迭代法对任意初值 $\boldsymbol{X}^{(0)}$ 均收敛。

4. 解：(1) 系数矩阵严格对角占优，故雅可比法和高斯-赛德尔法均收敛。

雅可比迭代公式为

$$\begin{cases} x_1^{(k+1)}=\dfrac{1}{7}[5-x_2^{(k)}+3x_3^{(k)}] \\ x_2^{(k+1)}=\dfrac{1}{6}[4+2x_1^{(k)}] \\ x_3^{(k+1)}=-\dfrac{1}{4}[-4-2x_1^{(k)}+x_2^{(k)}] \end{cases}$$

取迭代初值 $x_0=[0,0,0]^{\mathrm{T}}$，迭代 9 次后达到收敛精度：

$$\boldsymbol{x}^*=[1.000\ 020,0.999\ 989,0.999\ 989]^{\mathrm{T}}$$

高斯-赛德尔迭代公式为

$$\begin{cases} x_1^{(k+1)}=\dfrac{1}{7}[5-x_2^{(k)}+3x_3^{(k)}] \\ x_2^{(k+1)}=\dfrac{1}{6}[4+2x_1^{(k+1)}] \\ x_3^{(k+1)}=-\dfrac{1}{4}[-4-2x_1^{(k+1)}+x_2^{(k+1)}] \end{cases}$$

取迭代初值 $\boldsymbol{x}_0=[0,0,0]^{\mathrm{T}}$，迭代 4 次后达到收敛精度：

$$\boldsymbol{x}^*=[1.000\ 000,1.000\ 000,1.000\ 000]^{\mathrm{T}}$$

(2) 系数矩阵严格对角占优，故雅可比法和高斯-赛德尔法均收敛。

雅可比迭代公式为

$$\begin{cases} x_1^{(k+1)}=\dfrac{1}{9}[-1-x_2^{(k)}+4x_3^{(k)}] \\ x_2^{(k+1)}=\dfrac{1}{11}[2+2x_1^{(k+1)}+6x_2^{(k)}] \\ x_3^{(k+1)}=\dfrac{1}{3}[5+2x_2^{(k+1)}] \end{cases}$$

取迭代初值 $\boldsymbol{x}_0=[0,0,0]^{\mathrm{T}}$，迭代 22 次后达到收敛精度：

$$\boldsymbol{x}^*=[0.999\ 930,1.999\ 866,2.999\ 864]^{\mathrm{T}}$$

高斯-赛德尔迭代公式为

$$\begin{cases} x_1^{(k+1)} = \dfrac{1}{9}[-1 - x_2^{(k)} + 4x_3^{(k)}] \\ x_2^{(k+1)} = \dfrac{1}{11}[2 + 2x_1^{(k+1)} + 6x_2^{(k)}] \\ x_3^{(k+1)} = \dfrac{1}{3}[5 + 2x_2^{(k+1)}] \end{cases}$$

取迭代初值 $\boldsymbol{x}_0=[0,0,0]^{\mathrm{T}}$，迭代 12 次后达到收敛精度：

$$\boldsymbol{x}^* = [0.999\ 987, 1.999\ 972, 2.999\ 981]^{\mathrm{T}}$$

四、编程题

1. main 函数主要内容如下：

```
int main()
{
    M *A;
    int n = 3, *k;
    double *B, *X;
    A = mCreate(n, n);                                  // 系数矩阵
    B = (double *)malloc(n * sizeof(double));           // 常数项
    X = (double *)malloc(n * sizeof(double));           // 解向量
    mGetMatrix2D(A);
    mGetVector(B);
    if (Jacobi(A, n, B, EPS, MAXIT, X, k))
    {//输出迭代次数及满足收敛条件的近似解
        for (int i = 0; i < 3; i++)
        {
            printf("%.6f\n", X[i]);
        }
        printf("%.6f\n", k);
    }
    free(B);
    free(X);
    mFree(A);
    B = NULL; X = NULL; A = NULL;
    return 0;
}
```

2. 略。

3. 根据理论力学相关知识，易知 A 点和 B 点的约束力分别为 $F_A=-9$ kN，$F_B=13$ kN，进一步列出线性方程组：

$$\begin{bmatrix} 0.6 & 0 & 0 & 0 & 0 & 0 & 0 & 0 & 0 & 0 & 0 & 0 & 0 \\ 0.8 & 1 & 0 & 0 & 0 & 0 & 0 & 0 & 0 & 0 & 0 & 0 & 0 \\ 0.6 & 0 & 1 & 0 & 0 & 0 & 0 & 0 & 0 & 0 & 0 & 0 & 0 \\ 0 & 0 & 0 & 3 & 0 & 0 & 0 & 0 & 0 & 0 & 0 & 0 & 0 \\ 0 & 0 & 0 & 0 & 0.6 & 0 & 0 & 0 & 0 & 0 & 0 & 0 & 0 \\ 0 & 0 & 0 & 1 & 0.8 & 1 & 0 & 0 & 0 & 0 & 0 & 0 & 0 \\ 0 & 0 & 0 & 0 & 0 & 0 & 1 & 0 & 0 & 0 & 0 & 0 & 0 \\ 0 & 0 & 0 & 0 & 0 & 0 & 0 & 3 & 0 & 0 & 0 & 0 & 0 \\ 0 & 0 & 0 & 0 & 0 & 0 & 0 & 0 & 0.6 & 0 & 0 & 0 & 0 \\ 0 & 0 & 0 & 0 & 0 & 0 & 0 & 1 & 0.8 & 1 & 0 & 0 & 0 \\ 0 & 0 & 0 & 0 & 0 & 0 & 0 & 0 & 0 & 0 & 1 & 0.6 & 0 \\ 0 & 0 & 0 & 0 & 0 & 0 & 1 & 0 & 0 & 0 & 0 & -0.8 & 0 \\ 0 & 0 & 0 & 0 & 0 & 0 & 0 & 0 & 0 & 0 & 0 & 0.8 & 1 \end{bmatrix} \begin{bmatrix} F_1 \\ F_2 \\ F_3 \\ F_4 \\ F_5 \\ F_6 \\ F_7 \\ F_8 \\ F_9 \\ F_{10} \\ F_{11} \\ F_{12} \\ F_{13} \end{bmatrix} = \begin{bmatrix} 4 \\ 0 \\ 0 \\ 16 \\ -6 \\ 0 \\ 5 \\ -12 \\ 1 \\ 0 \\ 0 \\ 0 \\ 0 \end{bmatrix}$$

解得

$F_1 = 6.67$ kN(拉)， $F_2 = 5.33$ kN(拉)， $F_3 = 4$ kN(压)， $F_4 = 5.33$ kN(拉)

$F_5 = 10$ kN(压)， $F_6 = 2.67$ kN(拉)， $F_7 = 5$ kN(拉)， $F_8 = 4$ kN(压)

$F_9 = 1.67$ kN(拉)， $F_{10} = 2.67$ kN(拉)， $F_{11} = 3$ kN(拉)

$F_{12} = 5$ kN(压)， $F_{13} = 4$ kN(拉)

9.5 第5章课后习题参考答案

一、填空题

1. 偏差的平方和
2. 拟合
3. n
4.

$$l_i(x) = \frac{(x - x_1)(x - x_2)\cdots(x - x_{i-1})(x - x_{i+1})\cdots(x - x_{n-1})(x - x_n)}{(x_i - x_1)(x_i - x_2)\cdots(x_i - x_{i-1})(x_i - x_{i+1})\cdots(x_i - x_{n-1})(x_i - x_n)}$$

5.

$$B_{i,n}(t) = \frac{n!}{i!\,(n-i)!} t^i (1-t)^{n-i}$$

$$\sum_{i=0}^{n} B_{i,n}(t) = 1$$

二、改错题

程序中存在如下错误：

① 使用有参数的宏定义时，应当为每个参数都单独加上括号，避免引起逻辑错误。在本例中，y2＝myFx(x2＋step)将被展开为 y2＝x2＋step * x2＋step＋1，由于运算的优先级不同，上式结果显然与 y2＝(x2＋step) * (x2＋step)＋1 不相等。

② 对圆周率 π 的宏定义行末不应加上分号。

③ 未给变量 x2 赋初值，导致首次进入循环体时，x2 的值是随机的。

改正后的程序如下：

```
#define myFx(X) (X) * (X) + 1
#define PI 3.14159265

void myDraw2DFx( int width,             // 绘图窗口宽度(以像素为单位)
                 int height,            // 绘图窗口高度(以像素为单位)
                 COLORREF color,        // 插值曲线的颜色
                 double a,              // 插值区间下限
                 double b,              // 插值区间上限
                 double step,           // 绘图步长
                 double tol)            // 区间长度的最小值
{
    double x1, y1, x2, y2;
    // ……

    // 绘制函数图像
    x1 = a;
    y1 = myFx(x1);
    x2 = a;
    while (x2 < b)
    {
        y2 = myFx(x2 + step);
        x2 = step;
        line(x_multi * x1, y_multi * y1, x_multi * x2, y_multi * y2);
        x1 = x2;
        y1 = y2;
    }
    //……
}
```

三、简答题

1. 若构造的插值函数 $y=f(x)$ 为 x 的 n 次多项式 $P_n(x)=a_0+a_1x+\cdots+a_nx^n$，则称这样的插值方法为多项式插值。

多项式插值的特点：

① 插值函数任意阶可导；

② 唯一性：对于给定的 $n+1$ 个点 $\{(x_i,y_i)\}_{i=0}^{n}$，若 $x_i\neq x_j(0\leqslant i<j\leqslant n)$，则唯一存在一个次数不超过 n 的多项式 $P(x)$，使得 $P(x_i)=y_i(i=0,1,\cdots,n)$。

2. 证明：

对 $f(x)\equiv 1$ 在 $x_0,x_1,\cdots,x_n$ 处进行拉格朗日插值，则

$$f(x)=L_n(x)+R_n(x)$$

又

$$f^{(n+1)}(x)\equiv 0\Rightarrow R_n(x)\equiv 0$$

根据上面两式，可得

$$f(x)=L_n(x)=\sum_{j=0}^{n}l_j(x)y_i=\sum_{j=0}^{n}l_j(x)\equiv 1$$

证毕。

3. 解：

6 个插值条件，可构造 5 次插值多项式：

$$f(x)=a_5x^5+a_4x^4+a_3x^3+a_2x^2+a_1x+a_0$$

由插值条件，有

$$f(0)=a_0=f_{(0)}^{(0)}$$

$$f'(0)=a_1=f_{(0)}^{(1)}$$

$$f''(0)=a_2=f_{(0)}^{(2)}$$

$$f(1)=a_5+a_4+a_3+a_2+a_1+a_0=f_{(0)}^{(1)}$$

$$f'(1)=5a_5+4a_4+3a_3+2a_2+a_1=f_{(1)}^{(1)}$$

$$f''(1)=20a_5+12a_4+6a_3+2a_2=f_{(1)}^{(2)}$$

求解关于 a_5、a_4、a_3、a_2、a_1、a_0 的线性方程组

$$\begin{cases}f(0)=a_0=f_{(0)}^{(0)}\\ f'(0)=a_1=f_{(0)}^{(1)}\\ f''(0)=a_2=f_{(0)}^{(2)}\\ f(1)=a_5+a_4+a_3+a_2+a_1+a_0=f_{(0)}^{(1)}\\ f'(1)=5a_5+4a_4+3a_3+2a_2+a_1=f_{(1)}^{(1)}\\ f''(1)=20a_5+12a_4+6a_3+2a_2=f_{(1)}^{(2)}\end{cases}$$

可得

$$\begin{cases}a_5=-6f_{(0)}^{(0)}-3f_{(0)}^{(1)}-\dfrac{f_{(0)}^{(2)}}{2}+6f_{(1)}^{(0)}-3f_{(1)}^{(1)}+\dfrac{f_{(1)}^{(2)}}{2}\\ a_4=15f_{(0)}^{(0)}+8f_{(0)}^{(1)}+\dfrac{3f_{(0)}^{(2)}}{2}-15f_{(1)}^{(0)}+7f_{(1)}^{(1)}-f_{(1)}^{(2)}\\ a_3=-10f_{(0)}^{(0)}-6f_{(0)}^{(1)}-\dfrac{3f_{(0)}^{(2)}}{2}+10f_{(1)}^{(0)}-4f_{(1)}^{(1)}+\dfrac{f_{(1)}^{(2)}}{2}\\ a_2=f_{(0)}^{(2)}\\ a_1=f_{(0)}^{(1)}\\ a_0=f_{(0)}^{(0)}\end{cases}$$

4. ① 直接法：需要求解高度病态的线性方程组，且涉及到的计算量巨大；

② 拉格朗日插值：插值条件显式地出现在插值多项式中，物理意义明确；曲线次数随插值节点个数的增加而增加；每更改、增加或者删去一个插值节点，都需要重新计算插值多项式。

③ 埃尔米特插值：不仅在数据点之间进行插值，还涉及对数据点处导数信息的插值；插值条件显式地出现在插值多项式中，其中，数据点及一阶、二阶导数的物理意义明确。

5. 给定相同的插值条件 $\{(x_i,y_i)\}_{i=0}^{n}$ 时，直接法与拉格朗日插值法计算的插值多项式相同。理由如下：

假设插值多项式为 $P_n(x)=a_0+a_1x+\cdots+a_nx^n$，根据插值条件可得方程组：

$$a_0+a_1x_i+\cdots+a_nx_i^n=y_i,\quad i=0,1,\cdots,n$$

其系数行列式为

$$D=\begin{vmatrix}1 & x_0 & \cdots & x_0^n\\ 1 & x_1 & \cdots & x_1^n\\ \vdots & \vdots & & \vdots\\ 1 & x_n & \cdots & x_n^n\end{vmatrix}=\prod_{0\leqslant j<i\leqslant n}(x_i-x_j)$$

对任意满足 $0\leqslant j<i\leqslant n$ 的 i、j，都有 $x_i\neq x_j$，所以 $D\neq 0$，该方程组有唯一解，即插值多项式 $P_n(x)$ 存在且唯一。

6. 证明：

由二项式定理，有

$$1=[t+(1-t)]^n=\sum_{k=0}^{n}C_n^k\cdot t^k(1-t)^{n-k}=\sum_{k=0}^{n}B_{k,n}(t)$$

7. ① 有参数宏定义：属于预处理命令，不能对其进行编译，而是由预处理器在编译之前完成预处理，不占用计算机的内存。宏定义本质上只是简单的字符串替换。

② 函数：一段可重复使用的程序代码，由编译器对其进行编译，这段代码将被存储于计算机中，每次调用时，都将执行这块内存中的代码。函数通过形参和实参实现值的传递。

四、编程题

1. 分析：由物理学知识，可得干涉明纹条件

$$2d\cos\varphi=N\lambda,\quad N=0,1,2,\cdots$$

对于中心干涉条纹，$\varphi=0°$，$\cos\varphi=1$。设初始光程差为 d_0，初始明纹编号为 N_0，重新设 d 为迈克尔逊干涉仪读数，N 为中心明纹吞吐量计数，得

$$2(d-d_0)=(N-N_0)\lambda$$

进一步，有

$$d=\frac{\lambda}{2}N+C$$

式中，C 为常数。根据公式 $d=\frac{\lambda}{2}N+C$ 和表 5-2 所列的数据，可用最小二乘法求得回归直线的斜率 k，进一步求得激光波长为

$$\lambda=2k\approx 639.2\ \text{nm}$$

2. 略。

3. 略。

9.6　第 6 章课后习题参考答案

一、填空题

1. $R(f)=\int_a^b f(x)\mathrm{d}x-\int_a^b L_n(x)\mathrm{d}x=\int_a^b\frac{f^{(n+1)}(\xi)}{(n+1)!}\omega_{n+1}(x)\mathrm{d}x$

2. $\int_a^b f(x)\mathrm{d}x\approx\frac{1}{2}(b-a)\,[f(a)+f(b)]$

3. $\int_a^b f(x)\mathrm{d}x\approx\frac{b-a}{6}\left[f(a)+4f\left(\frac{a+b}{2}\right)+f(b)\right]$

4. 2

5. 插值型求积公式

二、简答题

1. 解:一般求积公式为

$$I=\int_a^b f(x)\mathrm{d}x \approx \sum_{k=0}^{n} A_k f(x_k)$$

若 $f(x)$ 为多项式,对于不高于 m 次的 $f(x)$,求积公式精确成立;而对于高于 m 次的 $f(x)$,求积公式均不精确成立,则称该求积公式具有 m 次代数精度。

2. 解:(1) ① 令 $f(x)\equiv 1$, $\int_0^1 f(x)\mathrm{d}x=\int_0^1 1\mathrm{d}x=1$,

$$A_0 f(0)+A_1 f(1)+A_2 f'(1)=A_0+A_1$$

② 令 $f(x)=x$, $\int_0^1 f(x)\mathrm{d}x=\int_0^1 x\mathrm{d}x=\frac{1}{2}$,

$$A_0 f(0)+A_1 f(1)+A_2 f'(1)=A_1+A_2$$

③ 令 $f(x)=x^2$, $\int_0^1 f(x)\mathrm{d}x=\int_0^1 x^2\mathrm{d}x=\frac{1}{3}$,

$$A_0 f(0)+A_1 f(1)+A_2 f'(1)=A_1+2A_2$$

$$\begin{cases} A_0+A_1=1 \\ A_1+A_2=\frac{1}{2} \\ A_1+2A_2=\frac{1}{3} \end{cases}$$

得 $A_0=\frac{1}{3}$,$A_1=\frac{2}{3}$,$A_2=-\frac{1}{6}$。

令 $f(x)=x^3$, $\int_0^1 f(x)\mathrm{d}x=\int_0^1 x^3\mathrm{d}x=\frac{1}{4}$,

$$\frac{1}{3}f(0)+\frac{2}{3}f(1)-\frac{1}{6}f'(1)=\frac{2}{3}-\frac{1}{6}\times 3=\frac{1}{6}\neq\frac{1}{4}$$

综上所述,求积公式

$$\int_0^1 f(x)\mathrm{d}x \approx \frac{1}{3}f(0)+\frac{2}{3}f(1)-\frac{1}{6}f'(1)$$

具有 2 次代数精度。

(2) 与(1)同理,有

$$\begin{cases} A_0+A_1+A_2=2a \\ -A_0+A_2=0 \\ A_0+A_2=\frac{2}{3}a \end{cases}$$

得 $A_0=\frac{4}{3}a$,$A_1=\frac{1}{3}a$,$A_2=\frac{1}{3}a$。

令 $f(x)=x^3$, $\int_{-a}^a f(x)\mathrm{d}x=\int_{-a}^a x^3\mathrm{d}x=0$,

$$A_0 f(-a)+A_1 f(0)+A_2 f(a)=-\frac{1}{3}a^4+\frac{1}{3}a^4=0$$

令 $f(x)=x^4$，$\int_{-a}^{a} f(x)\mathrm{d}x=\int_{-a}^{a} x^4\mathrm{d}x=\frac{2}{5}a^5$，

$$\frac{4}{3}f(-a)+\frac{1}{3}f(0)+\frac{1}{3}f(a)=\frac{1}{3}a^5+\frac{1}{3}a^5=\frac{2}{3}a^5\neq\frac{2}{5}a^5$$

综上所述，求积公式

$$\int_{-a}^{a} f(x)\mathrm{d}x\approx\frac{4}{3}af(-a)+\frac{1}{3}af(0)+\frac{1}{3}af(a)$$

具有 3 次代数精度。

(3) 与(1)同理，有

$$\begin{cases}A_0+A_1+A_2=3a\\ A_1+2A_2=\frac{9}{2}a\\ A_1+4A_2=9a\end{cases}$$

得 $A_0=\frac{3}{4}a$，$A_1=0$，$A_2=\frac{9}{4}a$。

令 $f(x)=x^3$，$\int_{0}^{3a} f(x)\mathrm{d}x=\int_{0}^{3a} x^3\mathrm{d}x=\frac{81}{4}a^5$，

$$\frac{3}{4}f(0)+0f(a)+\frac{9}{4}f(2a)=18a^5\neq\frac{81}{4}a^5$$

综上所述，求积公式

$$\int_{-a}^{a} f(x)\mathrm{d}x\approx\frac{3}{4}f(0)+0f(a)+\frac{9}{4}f(2a)$$

具有 2 次代数精度。

3. 解：

$$R_n(x)=f(x)-L_n(x)$$

由 $R_n(x_i)=0, i=0,1,\cdots,n$，得

$$R_n(x)=K(x)(x-x_0)(x-x_1)\cdots(x-x_n)=K(x)\omega_{n+1}(x)$$

记 $\varphi(t)=f(t)-L_n(t)-K(x)\omega_{n+1}(t)$，易知，$\varphi(t)$ 有 $x_0,x_1,x_2,\cdots,x_n,x$，共 $n+2$ 个零点，根据罗尔定理，$\varphi'(t)$ 有 $n+1$ 个零点，以此类推，可得 $\varphi^{(n+1)}(t)=f^{(n+1)}(t)-(n+1)!\,K(x)$ 有 1 个零点 ξ，即

$$\exists\xi\in(a,b),\quad \text{s.t.}\quad f^{(n+1)}(\xi)=(n+1)!\,K(x)$$

$$\Rightarrow \mathrm{K}(\mathrm{x})=\frac{\mathrm{f}^{(\mathrm{n}+1)}(\xi)}{(\mathrm{n}+1)!}$$

$$\Rightarrow R_n(x)=K(x)\omega_{n+1}(x)=\frac{f^{(n+1)}(\xi)}{(n+1)!}\omega_{n+1}(x)$$

$$=\frac{f^{(n+1)}(\xi)}{(n+1)!}\prod_{i=0}^{n}(x-x_i)$$

式中，$\xi\in(a,b)$。

由拉格朗日插值余项，可知

$$R(x)=\frac{f^{(3)}(\xi)}{3!}(x-a)\left(x-\frac{a+b}{2}\right)(x-b)$$

但 $R(x)$ 在区间 (a,b) 内变号，为避免这一现象，可以在 $x=\dfrac{a+b}{2}$ 处"插值 2 次"，此时拉格朗日插值多项式不变，新的余项为

$$R_3(x)=\frac{f^{(4)}(\xi)}{4!}(x-a)\left(x-\frac{a+b}{2}\right)^2(x-b)$$

积分，得区间 $[a,b]$ 上辛普森公式的余项：

$$R=\int_a^b \frac{f^{(4)}(\xi)}{4!}(x-a)\left(x-\frac{a+b}{2}\right)^2(x-b)\,\mathrm{d}x=-\frac{f^{(4)}(\xi)}{2\,880}(b-a)^5$$

式中，$\xi\in(a,b)$。用节点序列 $x_i=a+ih,i=0,1,\cdots n$，将区间 $[a,b]$ 进行 n 等分，在每个区间 $[x_i,x_{i+1}]$ 上分别使用辛普森公式，则 $[x_i,x_{i+1}]$ 上的余项为

$$R_i=-\frac{f^{(4)}(\xi_i)}{2\,880}(x_{i+1}-x_i)^5=-\frac{f^{(4)}(\xi_i)}{2\,880}h^5$$

式中，$\xi_i\in(x_i,x_{i+1})$。对所有区间 $[x_i,x_{i+1}]$ 上的余项求和，可得复化辛普森公式余项：

$$R_S=\sum_{i=1}^{n}-\frac{f^{(4)}(\eta_i)}{2\,880}h^5=-\frac{f^{(4)}(\eta)}{2\,880}nh^5=-\frac{f^{(4)}(\eta)}{180}\left(\frac{h}{2}\right)^4(b-a)$$

4. 解：$f(x)=\mathrm{e}^x,f''(x)=f^{(4)}(x)=\mathrm{e}^x$，

$$\left|-\frac{1}{12}\cdot\left(\frac{1}{n}\right)^2 f''(\eta)\right|\leqslant\frac{1}{12}\cdot\frac{1}{n^2}\cdot \mathrm{e}\leqslant\frac{1}{2}\times 10^{-5}$$

$$\Rightarrow n\geqslant\sqrt{\frac{\mathrm{e}}{6}\times 10^5}\approx 212.85$$

取 $n=213$，即至少将区间 $[1,2]$ 等分为 213 份，可使复化梯形公式的截断误差不超过 $\dfrac{1}{2}\times 10^{-5}$。

$$\left|-\frac{1}{180}\cdot\left(\frac{1}{2n}\right)^4 f^{(4)}(\eta)\right|\leqslant\frac{1}{180}\cdot\frac{1}{16n^4}\cdot \mathrm{e}\leqslant\frac{1}{2}\times 10^{-5}$$

$$\Rightarrow n\geqslant\sqrt{\frac{\mathrm{e}}{180\times 8}\times 10^5}\approx 3.71$$

取 $n=4$，即至少将区间 $[1,2]$ 等分为 4 份，可使复化辛普森公式的截断误差不超过 $\dfrac{1}{2}\times 10^{-5}$。

5. 解：① 令 $f(x)\equiv 1,\int_0^3 f(x)\mathrm{d}x=\int_0^3 1\mathrm{d}x=1$，

$$\frac{3}{8}[f(0)+3f(1)+3f(2)+f(3)]=1$$

② 令 $f(x)=x,\int_0^3 f(x)\mathrm{d}x=\int_0^3 x\,\mathrm{d}x=\dfrac{9}{2}$，

$$\frac{3}{8}[f(0)+3f(1)+3f(2)+f(3)]=\frac{9}{2}$$

③ 令 $f(x)=x^2,\int_0^3 f(x)\mathrm{d}x=\int_0^3 x^2\mathrm{d}x=9$，

$$\frac{3}{8}[f(0)+3f(1)+3f(2)+f(3)]=9$$

④ 令 $f(x)=x^3$，$\int_0^3 f(x)\mathrm{d}x=\int_0^3 x^3\mathrm{d}x=\frac{81}{4}$，

$$\frac{3}{8}[f(0)+3f(1)+3f(2)+f(3)]=\frac{81}{4}$$

⑤ 令 $f(x)=x^4$，$\int_0^3 f(x)\mathrm{d}x=\int_0^3 x^4\mathrm{d}x=\frac{243}{5}$，

$$\frac{3}{8}[f(0)+3f(1)+3f(2)+f(3)]=\frac{441}{4}\neq\frac{243}{5}$$

综上所述，辛普森 3/8 公式具有 3 次代数精度。

6. 利用 3 次拉格朗日插值公式推导数值积分公式：$\int_a^b f(x)\mathrm{d}x\approx\frac{(b-a)}{8}[f(a)+3f(c)+3f(d)+f(b)]$，其中，$c=\frac{2a+b}{3}$，$d=\frac{a+2b}{3}$ 为区间 $[a,b]$ 的 3 等分点。

7. 略。

8. 略。

9. 略。

三、编程题

1. 略。

2. 略。

3. 分析：$\mathrm{d}s=\sqrt{(\mathrm{d}x)^2+(\mathrm{d}y)^2}=\sqrt{1+(y')^2}\,\mathrm{d}x=\sqrt{1+(\pi\sin x)^2}\,\mathrm{d}x$

$y=\pi\cos x$ 的周期为 2π，则

$$s=\int_0^{2\pi}\sqrt{1+(\pi\sin x)^2}\,\mathrm{d}x$$

进而可由数值积分方法求得曲线弧长。

4. 分析：依题设，可得曲线得参数方程：

$$\begin{cases}x=(1-u)^2x_0+u^2x_1=-(1-u)^2+2u^2=u^2+2u-1\\ y=(1-u)^2y_0+u^2y_1=2(1-u)^2+3u^2=5u^2-4u+2\end{cases}$$

求导，得

$$\begin{cases}x'(u)=2(u+1)\\ y'(u)=2(5u-2)\end{cases}$$

$$\mathrm{d}s=\sqrt{[x'(u)]^2+[y'(u)]^2}\,\mathrm{d}u=2\sqrt{(u+1)^2+(5u-2)^2}\,\mathrm{d}u$$

则

$$s=2\int_0^1\sqrt{(u+1)^2+(5u-2)^2}\,\mathrm{d}u$$

进而可由数值积分方法求得曲线弧长。

5. 略。

6. 分析：将埃尔米特插值的矩阵形式展开，得

$$\begin{cases}x(t)=(1-3t^2+2t^3)x_0+t(1-t)^2x'_0-t^2(1-t)x_1+t^2(3-2t)x'_1\\ y(t)=(1-3t^2+2t^3)y_0+t(1-t)^2y'_0-t^2(1-t)y_1+t^2(3-2t)y'_1\end{cases}$$

代入插值条件，可得加工曲线的参数方程：

$$\begin{cases} x(t)=200t(1-t)^2-1\,000t^2(1-t)+100t^2(3-2t) \\ y(t)=100(1-3t^2+2t^3)+100t(1-t)^2-2\,000t^2(1-t)-150t^2(3-2t) \end{cases}$$

再由 $ds=\sqrt{[x'(t)]^2+[y'(t)]^2}\,dt$，积分即可得曲线弧长 s。最后由 $t=s/v$，可估算出加工时间。

7. 略。

8. (1) $S=\int_1^{+\infty}\frac{2\pi}{x}dx$； $V=\int_1^{+\infty}\frac{\pi}{x^2}dx$。

(2)

积分区间	面积 S	体积 V	基于复化梯形求积公式		基于复化辛普森求积公式	
			迭代次数	被积函数计算次数	迭代次数	被积函数计算次数
[1,10]	逐渐增大	π	逐渐增大	逐渐增大	逐渐增大(比梯形所用次数少)	逐渐增大(比梯形所用次数少)
[1,100]						
[1,1 000]						
[1,10 000]						

9.7 第7章课后习题参考答案

一、填空题

1. 决策变量　　目标函数　　约束条件

2. 黄金分割

3. 多元函数在某点 $\boldsymbol{x}$ 处的梯度为 $\mathbf{0}$($\nabla f(\boldsymbol{x})=\mathbf{0}$)

4. 一维搜索

5. 无约束

6. 方程组求解

二、改错题

1. 程序中的错误如下：

① 变量 NDV 在用于分配内存之前未赋值；

② 数组 X 未赋初值；

③ main 函数在调用 SpeedestDescent 函数时，参数 4 的类型(int)与形参的类型(int *)不兼容；

④ new 创建的动态数组内存未释放；

⑤ 在调用黄金分割算法之前，未对区间进行初始化，即未先确定极小值所在的“单峰”区间；

⑥ SpeedestDescent 函数中，变量 nCount 类型为 int *，赋值语句 nCount = i 调用出错；

⑦ 最速下降法使用的搜索方向为梯度方向而非负梯度方向，向函数值增加的方向搜索极小值，导致程序出错。

改正后的程序如下：

```
/ * SpeedestDescent.cpp * /
# include < stdlib.h >
# include < stdio.h >
# include < math.h >

// 计算原函数在点 X 处的梯度
void Grad(double * X, double * G, int NDV);

// 更新设计点,新的设计点存储于 XN 中,X 为原设计点,D 为变化方向,AL 为一维变化量
void Update(double * XN, double * X, double * D, double AL, int NDV);

// 计算目标函数值并返回
double Funct(double * X, int NDV);

// 黄金分割搜索算法
double Gold(double * X, double * D, double * XN, double Delta, double Epslon, int NDV);

// 最速下降
void SteepestDescent(double delta, double Epslon, double EPSL, int * nCount, int NDV, double * X,
double * D, double * XN, double * G);

// 主程序
int main()
{
    // 变量维度
    int NDV = 2;
    // 初始化计数器
    int nCount = 0;

    // X 用于存放每步的初始值,XN 用于保存更新后的值
    double *X = new double [NDV];
    X[0] = 0; X[1] = 0, X[2] = 0;
    double *XN = new double[NDV];
    // 初始化梯度和搜索方向,注意梯度和方向是相反关系
    double *D = new double[NDV];
    double *G = new double[NDV];

    double delta = 0.05;        // 一维搜索步长
    double Epslon = 0.0001;     // 一维搜索收敛精度
    double EPSL = 1e-6;         // 最速下降收敛精度

    SteepestDescent(delta, Epslon, EPSL, &nCount, NDV, X, D, XN, G);

    delete[]X;
    delete[]XN;
```

```
    delete[]D;
    delete[]G;
    system("pause");
    return 0;
}

// 计算原函数在点 X 处的梯度
void Grad(double * X, double * G, int NDV)
{
    G[0] = 2 * (X[0] + 2);
    G[1] = 2 * (X[1] - 1);
    G[2] = 2 * (X[2] - 4);
    return;
}

//更新设计点,新的设计点存储于 XN 中,X 为原设计点,D 为变化方向,AL 为一维变化量
void Update(double * XN, double * X, double * D, double AL, int NDV)
{
    for (int i = 0; i < NDV; i++ )
    {
        XN[i] = X[i] + AL * D[i];
    }
    return;
}

// 计算目标函数值并返回
double Funct(double * X, int NDV)
{
    double F;
    F = pow((X[0] + 2), 2) + pow((X[1] - 1), 2) + pow((X[2] - 4), 2) + 3;
return F;
}


// 黄金分割搜索算法
double Gold(double * X, double * D, double * XN, double Delta, double Epslon, int NDV)
{
    // X       = 设计变量值
    // D       = 方向矢量
    // XN      = 新的设计变量
    // Delta   = 一维搜索初始步长
    // Epslon  = 一维搜索精度
    // NDV     = 设计变量维度
```

```
double GR = 0.5 * sqrt(5.0) + 0.5;          // 黄金分割率
// 初始化步长
double AL = 0.0;                            // 初始化左边界为 0
Update(XN, X, D, AL, NDV);                  // XN 是在左边界为 0 时更新的向量
double FL = Funct(XN, NDV);                 // 计算此时 XN 对应的函数值
double AA;
for (int j = 0; ; j++)
{
    AA = Delta;
    Update(XN, X, D, AA, NDV);              // 更新步长为 AA 时的设计变量 XN
    double F_v = Funct(XN, NDV);            // 计算更新后的设计变量 XN 处的目标函数值 F_v
    if (F_v > FL)
    {
        Delta * = 0.1;
    }
    else
    {
        break;
    }
}
// 初始化搜索区间
double FA, AU, AA_Store = AA, FU;
for (int j = 0; ; j++)
{
    FA = Funct(XN, NDV);
    AU = AA + Delta * pow(GR, j + 1);
    Update(XN, X, D, AU, NDV);
    FU = Funct(XN, NDV);

    if (FA > FU)
    {
        AL = AA;
        AA = AU;
    }
    else
    {
        break;
    }
}
double w = sqrt(5.0) * 0.5 - 0.5;
double a = AL;
double b = AU;
double l = AA;
double u = AL + (AU - AL) / GR;
/* 黄金分割搜索算法 */
// a --------a0
```

```
    // b -------b0
    // lambda --λ
    // mu ------μ
    // w -------0.618
    while (fabs(b - a) > Epslon)
    {
        // 计算 F(l),注意计算函数值的
        Update(XN, X, D, l, NDV);
        double F_l = Funct(XN, NDV);
        // 计算 f(mu)
        Update(XN, X, D, u, NDV);
        double F_u = Funct(XN, NDV);
        if (F_l < F_u)
        {
            b = u;
            l = a * w + b * (1 - w);
            u = a * (1 - w) + b * w;
        }
        else
        {
            a = l;
            l = a * w + b * (1 - w);
            u = a * (1 - w) + b * w;
        }

    }
    // 返回近似极小值点
    return (a + b) / 2;
}

// 最速下降
void SteepestDescent(double delta, double Epslon, double EPSL, int * nCount, int NDV, double * X,
double * D, double * XN, double * G)       // 最速下降法
{
    // Delta   = 一维搜索初始步长
    // Epslon  = 一维搜索精度
    // EPSL    = 最速下降法收敛精度
    // nCount  = 计数器
    // NDV     = 设计变量维度
    // X       = 设计变量值
    // D       = 方向矢量
    // XN      = 新的设计变量
    // G       = 梯度矢量
    for (int i = 0; i < 1000; i++)
    {
```

```
        *nCount = i;
        if (i == 999)
        {
            printf("达到最大迭代次数！\n");
            return;
        }
        //显示本次迭代的 X,梯度 G,梯度 G 的模长
        printf("第 %d 次迭代:\nX: ", *nCount);
        for (int i = 0; i < NDV; i++)
            printf("X%d: %lf ", i + 1, X[i]);
        printf("\n");
        Grad(X, G, NDV);
        double Mo = 0;
        printf("梯度 G: ");
        for (int i = 0; i < NDV; i++)
        {
            Mo += G[i] * G[i];
            printf("G%d: %lf ", i + 1, G[i]);
        }
        Mo = sqrt(Mo);
        printf("\n梯度 G 的模: %lf\n", Mo);
        //用梯度 G 的模长与 EPSL 作比较,模长过小,则退出迭代,否则计算出 D(D 向量与 G 向量方向相反)
        if (Mo < EPSL)
        {
            break;
        }
        for (int i = 0; i < NDV; i++)
            D[i] = -G[i];

        //调用 Gold,求出 D 方向下的最优步长
        double Alpha = Gold(X, D, XN, delta, Epslon, NDV);


        //更新 X
        Update(X, X, D, Alpha, NDV);
    }
    //迭代结束,计算 X 和其对应的函数值,并打印输出
    printf("\n迭代次数: %d\n 迭代结果:\n", *nCount);
    for (int i = 0; i < NDV; i++)
        printf("X%d= %lf ", i + 1, X[i]);
    printf("\nF(X1,X2,X3) = %lf\n", Funct(X, NDV));
    return;
}
```

三、简答题

1. 最速下降法适用于求解无约束优化问题；

拉格朗日乘子法适用于求解有约束优化问题，当含不等式约束时，可能需要对约束条件进行适当调整，详见7.4.2小节拉格朗日乘子法。

2. (1) 最速下降法的基本思路：

① 选择初始点 $\boldsymbol{x}^{(0)} \in \mathbf{R}^n$，给定容差参数 ε，令 $k=0$。

② 计算该点的负梯度方向 $v^{(k)}=-\nabla f(\boldsymbol{x}^{(k)})$。若 $\|\boldsymbol{v}^{(k)}\| \leqslant \varepsilon$，则终止迭代，输出 $\boldsymbol{x}^{(k)}$；否则，继续步骤③。

③ 沿负梯度方向搜索该方向的极小值点 $\boldsymbol{x}^{(k+1)}$。

④ 令 $k=k+1$，转至步骤②。

(2) 最速下降法的特点：

① 具有全局收敛性，即对任意初始点，该算法都是收敛的。但此处的"全局"并不是指收敛到全局极小值点，该算法只能收敛到局部极小值点。

② 在向极小值点迭代的过程中，相邻两次的搜索方向相互正交，因此迭代路径呈"锯齿"状。当然，这一结论只有在采用完全精确的线性搜索时才能成立。

③ 具有线性收敛速度。在远离初始点时收敛较快，只需要经过几次迭代就能够从距离极小值点很远的点收敛到极小值点附近；但当靠近极小值点时，搜索路径可能出现"振荡"现象，有时需要经过几百次的迭代才能取得极微小的进展。

3. 设在 $\boldsymbol{x}_k$ 点处，$f(\boldsymbol{x})$的负梯度方向为 $\boldsymbol{v}^{(k)}$，由 $\boldsymbol{v}^{(k)}$ 的性质可得，存在 $\boldsymbol{\alpha}^{(k)} \in (0,+\infty)$，使得 $f(\boldsymbol{x}_k+\boldsymbol{\alpha}^{(k)}\boldsymbol{v}^{(k)})$有最小值。故对于步长搜索问题，区间$(0,+\infty)$内必存在一单峰区间。该单峰区间的确定可参考本书7.3.1小节交叉试探法。

4. 略。

5. 将条件 $g(\boldsymbol{x})>0$ 转换为新的条件 $g'(\boldsymbol{x})=-g(-\boldsymbol{x})\geqslant 0$。

6. 方程未知数和方程个数均为 $n+m+l$，另需满足的检验不等式个数为 $2m$。高维、多约束的问题将增加方程组的个数，导致非线性方程组求解困难。所以拉格朗日乘子法并不适用于此类问题，如案例3将求解15个未知数的方程组，其解多达67组。

9.8 第8章课后习题参考答案

一、填空题

1. 直接搜索法　迭代法
2. 树突　输入向量　轴突　权值向量
3. 输入是线性累加的　输出只有0和1
4. 编码方式　确定适应度函数　遗传算子　选择算子　交叉算子　变异算子
5. 适应度　轮盘赌
6. $v=wv+c_1r_1(\boldsymbol{p}\mathbf{Best}-\boldsymbol{p})+c_2r_2(\boldsymbol{g}\mathbf{Best}-\boldsymbol{p})$

二、简答题

1. 分类器2能够将数据正确分类。分类器所代表的超平面(直线)是有方向的。

2. 简单地，可以采用一个整数数组进行表示；考虑到物品个数不超过64，也可以用一个

64 位的整型数进行编码。

3. 交叉可以采用单点的形式或者两点的形式(参考本章求解 TSP 问题的交叉算子);变异算子参考本章求解 TSP 问题的变异算子。

4. 略。

5. 当前的速度、自己经历过的最好位置以及整个群体所经历的最好位置。忽略当前速度,则算法局部搜索能力强,全局搜索能力弱;忽略自己经历过的最好位置,则易陷入局部最优,无法跳出;忽略整个个体所经历的最好位置,则算法收敛速度变慢。

6. 略。

三、编程题

1. 略。考查学生利用文件进行数据输入、输出的能力。

2. (1) 略。

(2) 学习率过大,难以收敛;学习率过小,则计算耗时。

(3) 初始值越接近最终结果,需要的迭代次数越少;在最糟糕的情况下,如果初始值恰将数据全部分类错(简答题中 1 直线反向的情况),则需要迭代较多次数。

3. (1) 收敛速度将变慢。

(2) 种群越大收敛越快,但计算也越慢。

(3) 略。

4.(1) 略。

(2) 对于手动构建的简单数据,一般情况下,均能够求出理论最优解。

(3) 难以收敛。对于非随机的有极强规律的数据,遗传算法收敛效果不好。

5. 略。

6. 综合 10.5 节中粒子群算法对二元极值问题的求解,以及模拟退火算法的求解框架,易写出模拟退火法对二元极值问题的求解程序。

第10章 附录 代码和数据

10.1 简单绘图程序接口

本书基于 EasyX 封装了一个简单的二维绘图程序接口。接口声明如表 10-1 所列。

表 10-1 二维绘图程序接口使用说明

void PlotInit(PlotRECT region, int wdnWidth = 640, int wdnHeight = 480, COLORREF clrBk = LIGHTGRAY);
初始化一个长宽为 wdnWidth、wdnHeight,背景色为 clrBk 的绘图窗口,并将其映射到平面区域 region 内
void PlotClear();
清空屏幕绘制内容
void PlotSleep(int time);
暂停 time 毫秒
void PlotAxis(PlotPNT2D origin, double xTickStep = 0.1, double yTickStep = 0.1, int size = 2, COLORREF clrAxis = BLUE, COLORREF clrText = WHITE);
以点 origin 为中心绘制坐标系,其中 X、Y 轴的刻度步长分别为 xTickStep、yTickStep,坐标轴的线宽为 size,颜色为 clrAxis,刻度文本颜色为 clrText
void PlotPoint(PlotPNT2D pnt, int size = 8, COLORREF clr = RED, int style = CIRCLE_SOLID);
绘制点 pnt,其大小为 size,颜色为 clr,类型为 style。 绘图程序预制了 4 种类型的点: CIRCLE_SOLID 实心圆点; RECT_SOLID 实心矩形点; CIRCLE_EMPTY 空心圆点; RECT_EMPTY 空心矩形点
void PlotPointArray(PlotPNT2DArr pntArr, int sizePnt = 8, int sizeLine = 1, COLORREF clrPnt = RED, COLORREF clrLine = BLUE, int stylePnt = CIRCLE_SOLID);
绘制点串 pntArr,其大小为 sizePnt,颜色为 clrPnt,类型为 stylePnt,点间连线线宽为 sizeLine,颜色为 clrLine。如果 sizePnt 为 0,则不绘制点,仅绘制点间连线;如果 sizeLine 为 0,则仅绘制点
void PlotLine(double w0, double w1, double theta, int size = 1, COLORREF clr = BLUE);
绘制 $\omega_0 x+\omega_1 y+\theta=0$ 确定的直线,其线宽为 size,颜色为 clr
void PlotLine2(double k, double b, int size = 1, COLORREF clr = BLUE);
绘制直线 $y=kx+b$,其线宽为 size,颜色为 clr
void PlotSegment(PlotPNT2D p0, PlotPNT2D p1, int size = 1, COLORREF clr = BLUE);

续表 10-1

绘制点 p0 和 p1 间的线段，其线宽为 size，颜色为 clr
void PlotText(const TCHAR * str, PlotPNT2D loc, int size = 1, COLORREF clr = WHITE);
在点 loc 处绘制字符串 str，字符大小为 size，颜色为 clr

以上 10 个接口是对 EasyX 的封装，其可与 EasyX 原有接口混合使用。利用上述接口可快速绘制平面坐标系内的点、线、坐标系，使用时仅需将接口头文件和源文件包含进已有项目即可。

```
// 初始化
PlotInit({ -10, 10, -10, 10 }, 640, 480); // RGB(47, 79, 79)
// 绘制坐标轴
PlotAxis({ 0, 0 }, 2, 2);
// 绘制线
PlotLine(2, -1, 1, 2, GREEN);
PlotLine2(0, -1, 2, GREEN);
PlotLine2(9999, 1, 2, GREEN);
```

上述代码在 640×480 的窗口内绘制 $[-10,10]\times[-10,10]$ 范围内的坐标系，以及直线 $2x-y+1=0$、$y=-1$、$y=9\,999x+1$，如图 10-1 所示。

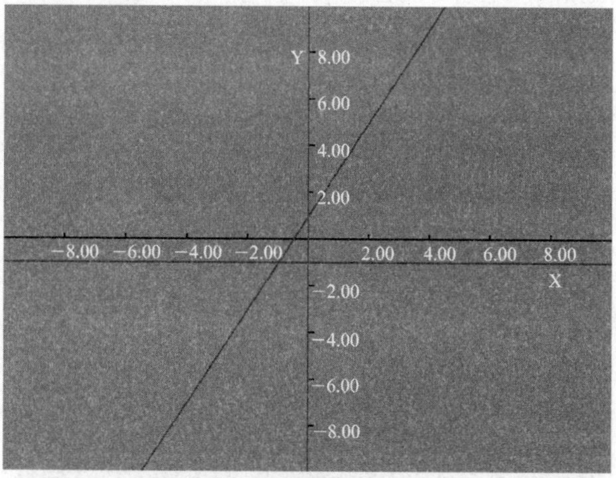

图 10-1　绘图接口使用举例 1

综合利用上述接口也可绘制动画效果，下述代码绘制了函数 $y=k\sin(kx)$，$x\in[-10,10]$在 k 从 0.1 变化到 5 的函数图像，并用矩形框包围出其单个周期。

```
// 初始化
PlotInit({ -10, 10, -10, 10 }, 640, 480); // RGB(47, 79, 79)
double * x = new double[1000];
double * y = new double[1000];
for (double k = 0.1; k < 5; k += 0.1) {
    BeginBatchDraw();
```

```
    // 清屏
    PlotClear();
    // 绘制坐标轴
    PlotAxis({ 0, 0 }, 2, 2);
    // 绘制点
    PlotPoint({ 0, k }, 8, GREEN, CIRCLE_SOLID);
    PlotPoint({ 2.0 * PI / k,  k }, 8, GREEN, CIRCLE_SOLID);
    PlotPoint({ 2.0 * PI / k,  -k }, 8, GREEN, CIRCLE_SOLID);
    PlotPoint({ 0, -k }, 8, GREEN, CIRCLE_SOLID);
    // 绘制线段
    PlotSegment({ 0, k }, { 2.0 * PI / k,  k }, 2, GREEN);
    PlotSegment({ 2.0 * PI / k,  k }, { 2.0 * PI / k,  -k }, 2, GREEN);
    PlotSegment({ 2.0 * PI / k,  -k }, { 0, -k }, 2, GREEN);
    PlotSegment({ 0, -k }, { 0, k }, 2, GREEN);
    // 绘制点串
    for (int i = 0; i < 1000; i++ ) {
        x[i] = -10 + 20.0 / 1000 * i;
        y[i] = k * sin(k * x[i]);
    }
    TCHAR str[20];
    swprintf_s(str, _T("k = %.2lf"), k);
    PlotText(str, { 6,8 }, 30, WHITE);
    PlotPointArray({ x,y,1000 }, 0, 2, BLUE, RED);
    PlotSleep(50);
    FlushBatchDraw();
}
delete[] x;
delete[] y;
```

效果如图 10－2 所示。

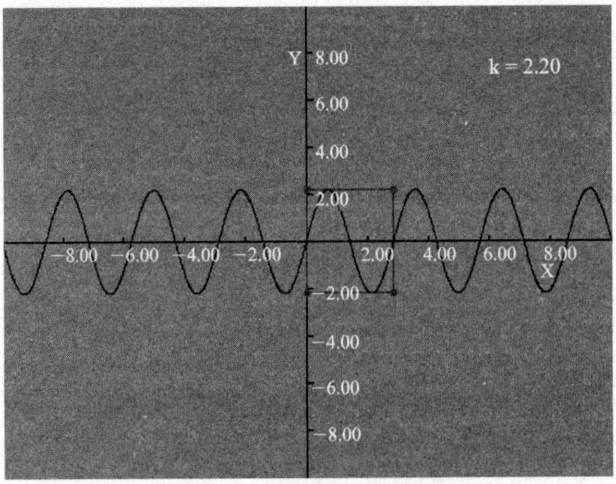

图 10－2　绘图接口使用举例 2

接口头文件：

```
#ifndef _PLOT_H_
#define _PLOT_H_
#include < graphics.h >
#include < stdlib.h >
#include < conio.h >

#define CIRCLE_SOLID      0x0000
#define RECT_SOLID          0x0001
#define CIRCLE_EMPTY      0x0002
#define RECT_EMPTY          0x0003

// 长方形区域
typedef struct _plotrect
{
    double xMin;
    double xMax;
    double yMin;
    double yMax;
}PlotRECT;

// 二维点
typedef struct _plotpnt2d
{
    double x;
    double y;
}PlotPNT2D;

// 二维点向量
typedef struct _plotpnt2darray
{
    double* x;
    double* y;
    int n;
}PlotPNT2DArr;

// 绘制窗框的尺寸
static PlotPNT2D wdnSize = { 640.0, 480.0 };
//
static PlotRECT wdnRegion = { -1.0, 1.0, -1.0, 1.0 };

// 将平面 x 坐标变换到显示屏幕
static int transCoordX(double x) {
    return (int)((x - wdnRegion.xMin) * wdnSize.x / (wdnRegion.xMax - wdnRegion.xMin));
}
```

```
// 将平面 y 坐标变换到显示屏幕
static int transCoordY(double y) {
    return (int)(-(y - wdnRegion.yMin) * wdnSize.y / (wdnRegion.yMax - wdnRegion.yMin) +
wdnSize.y);
}
/******************************** 绘制接口 **********************************/
// 初始化绘制窗口
void PlotInit(PlotRECT region, int wdnWidth = 640, int wdnHeight = 480, COLORREF clrBk = LIGHT-
GRAY);
// 清空绘制窗口
void PlotClear();
// 绘制暂停
void PlotSleep(int time);
// 绘制坐标轴
void PlotAxis(PlotPNT2D origin, double xTickStep = 0.1, double yTickStep = 0.1, int size = 2,
COLORREF clrAxis = BLUE, COLORREF clrText = WHITE);
// 绘制单点
void PlotPoint(PlotPNT2D pnt, int size = 8, COLORREF clr = RED, int style = CIRCLE_SOLID);
// 绘制点串
void PlotPointArray(PlotPNT2DArr pntArr, int sizePnt = 8, int sizeLine = 1, COLORREF clrPnt =
RED, COLORREF clrLine = BLUE, int stylePnt = CIRCLE_SOLID);
// 绘制直线 w0 * x + w1 * y + theta = 0
void PlotLine(double w0, double w1, double theta, int size = 1, COLORREF clr = BLUE);
// 绘制直线 y = kx + b
void PlotLine2(double k, double b, int size = 1, COLORREF clr = BLUE);
// 绘制线段
void PlotSegment(PlotPNT2D p0, PlotPNT2D p1, int size = 1, COLORREF clr = BLUE);
// 绘制文字
void PlotText(const TCHAR * str, PlotPNT2D loc, int size = 1, COLORREF clr = WHITE);
#endif
```

接口源文件：

```
#include "plot.h"

// 初始化绘制窗口
void PlotInit(PlotRECT region, int wdnWidth, int wdnHeight, COLORREF clrBk) {
    wdnRegion.xMin = region.xMin;
    wdnRegion.xMax = region.xMax;
    wdnRegion.yMin = region.yMin;
    wdnRegion.yMax = region.yMax;
    // 根据绘制区域的大小重新调整窗口比例
    wdnSize.x = wdnWidth;
    wdnSize.y = wdnHeight;

    initgraph(wdnSize.x, wdnSize.y, EW_SHOWCONSOLE);
```

```
    setbkcolor(clrBk);              // 设置背景颜色
    cleardevice();                  // 用背景色清空屏幕
}

// 清空绘制窗口
void PlotClear()
{
    cleardevice();
}

// 绘制暂停
void PlotSleep(int time)
{
    Sleep(time);
}

// 绘制一个点
void PlotPoint(PlotPNT2D pnt, int size, COLORREF clr, int style)
{
    if (size == 0)
        return;     // 尺寸为 0,则不绘制
    // 处理 size
    size = (size / 2) ? (size / 2) : 1;
    if (style >> 1) {
        // 空心
        setfillstyle(BS_NULL);
        setlinecolor(clr);
        if (style & 0x0001)
            fillrectangle(transCoordX(pnt.x) - size, transCoordY(pnt.y) - size, transCoordX
(pnt.x) + size, transCoordY(pnt.y) + size);
        else
            fillcircle(transCoordX(pnt.x), transCoordY(pnt.y), size);
    }
    else {
        // 实体
        setfillstyle(BS_SOLID);
        setfillcolor(clr);
        // 绘制矩形
        if (style & 0x0001)
            solidrectangle(transCoordX(pnt.x) - size, transCoordY(pnt.y) - size, transCoordX
(pnt.x) + size, transCoordY(pnt.y) + size);
        // 绘制圆形
        else
            solidcircle(transCoordX(pnt.x), transCoordY(pnt.y), size);
    }
```

```
}

// 绘制点串
void PlotPointArray(PlotPNT2DArr pntArr, int sizePnt, int sizeLine, COLORREF clrPnt, COLORREF clr-
Line, int stylePnt)
{
    // 绘制连线
    if (sizeLine > 0) {
        for (int i = 0; i < pntArr.n - 1; i++) {
            PlotSegment({ pntArr.x[i],pntArr.y[i] }, { pntArr.x[i + 1],pntArr.y[i + 1] }, si-
zeLine, clrLine);
        }
    }
    // 绘制点
    if (sizePnt > 0) {
        for (int i = 0; i < pntArr.n; i++) {
            PlotPoint({ pntArr.x[i],pntArr.y[i] }, sizePnt, clrPnt, stylePnt);
        }
    }
}

// 绘制直线 w0 * x + w1 * y + theta = 0
void PlotLine(double w0, double w1, double theta, int size, COLORREF clr) {
    if (size == 0)
        return;
    setlinecolor(clr);
    if (size < 1)
        size = 1;
    setlinestyle(PS_SOLID, size);
    // 根据 w 和 theta 绘制一条直线
    if (w0 == 0.0 && w1 == 0) {
        // 如果 theta 不为 0，则直线不存在
        // 如果 theta 为 0，则直线为平面任意直线
        // 不进行绘制
    }
    else {
        if (w0 != 0.0) {
            // 当 y = ymin 和 ymax 时，求出 x
            line(transCoordX((-theta - w1 * wdnRegion.yMin) / w0), transCoordY(wdnRegion.yMin),
                transCoordX((-theta - w1 * wdnRegion.yMax) / w0), transCoordY(wdnRegion.yMax));
        }
        else {
            // w[1] 不为 0
            line(transCoordX(wdnRegion.xMin), transCoordY((-theta - w0 * wdnRegion.xMin) / w1),
                transCoordX(wdnRegion.xMax), transCoordY((-theta - w0 * wdnRegion.xMax) / w1));
```

```
        }
    }
}

// 绘制直线 y = kx + b
void PlotLine2(double k, double b, int size, COLORREF clr) {
    PlotLine(k, -1.0, b, size, clr);
}

// 绘制线段
void PlotSegment(PlotPNT2D p0, PlotPNT2D p1, int size, COLORREF clr)
{
    setlinecolor(clr);
    if (size < 1)
        size = 1;
    setlinestyle(PS_SOLID, size);
    line(transCoordX(p0.x), transCoordY(p0.y), transCoordX(p1.x), transCoordY(p1.y));
}

// 绘制坐标轴
void PlotAxis(PlotPNT2D origin, double xTickStep, double yTickStep, int size, COLORREF clrAxis,
COLORREF clrText) {
    TCHAR s[20];
    double xLen = wdnRegion.xMax - wdnRegion.xMin, yLen = wdnRegion.yMax - wdnRegion.yMin;
    double xTemp = origin.x, yTemp = origin.y;
    if (size < 1)
        size = 1;
    if (origin.x > wdnRegion.xMax || origin.x < wdnRegion.xMin || origin.y > wdnRegion.yMax ||
origin.y < wdnRegion.yMin)
        return;     // 坐标原点越界
    // 调整 xTickStep
    if (origin.x + xTickStep > wdnRegion.xMax)
        xTickStep = (xTickStep < (wdnRegion.xMax - origin.x) * 0.9) ? (xTickStep) : ((wdnRe-
gion.xMax - origin.x) * 0.9);
    if (origin.x - xTickStep < wdnRegion.xMin)
        xTickStep = (xTickStep < (origin.x - wdnRegion.xMin) * 0.9) ? (xTickStep) : ((origin.
x - wdnRegion.xMin) * 0.9);
    // 调整 yTickStep
    if (origin.y + yTickStep > wdnRegion.yMax)
        yTickStep = (yTickStep < (wdnRegion.yMax - origin.y) * 0.9) ? (yTickStep) : ((wdnRe-
gion.yMax - origin.y) * 0.9);
    if (origin.y - yTickStep < wdnRegion.yMin)
        yTickStep = (yTickStep < (origin.y - wdnRegion.yMin) * 0.9) ? (yTickStep) : ((origin.
y - wdnRegion.yMin) * 0.9);
    // 绘制坐标轴
```

```
    PlotLine(0, 1, -origin.y, size, clrAxis);      // 绘制 X 轴
    PlotLine(1, 0, -origin.x, size, clrAxis);      // 绘制 Y 轴
    // X 轴正半轴标记
    xTemp = origin.x + xTickStep;
    while (xTemp < wdnRegion.xMax) {
        // 显示文字
        swprintf_s(s, _T("%.2lf"), xTemp);
        PlotText(s, { xTemp - 0.01 * xLen ,origin.y - 0.01 * yLen }, 0.02 * xLen, clrText);
        // 绘制刻度
        PlotSegment({ xTemp, origin.y }, { xTemp, origin.y + 0.01 * yLen }, size, clrAxis);
        xTemp += xTickStep;
    }
    // 显示“X”
    PlotText(_T("X"), { xTemp - xTickStep - 0.01 * xLen ,origin.y - 0.04 * yLen }, 0.02 *
xLen, clrText);
    // X 轴负半轴标记
    xTemp = origin.x - xTickStep;
    while (xTemp > wdnRegion.xMin) {
        // 显示文字
        swprintf_s(s, _T("%.2lf"), xTemp);
        PlotText(s, { xTemp - 0.01 * xLen ,origin.y - 0.01 * yLen }, 0.02 * xLen, clrText);
        // 绘制刻度
        PlotSegment({ xTemp, origin.y }, { xTemp, origin.y + 0.01 * yLen }, size, clrAxis);
        xTemp -= xTickStep;
    }
    // Y 轴正半轴标记
    yTemp = origin.y + yTickStep;
    while (yTemp < wdnRegion.yMax) {
        // 显示文字
        swprintf_s(s, _T("%.2lf"), yTemp);
        PlotText(s, { origin.x + 0.015 * xLen ,yTemp + 0.01 * yLen }, 0.02 * xLen, clrText);
        // 绘制刻度
        PlotSegment({ origin.x,yTemp }, { origin.x + 0.01 * xLen, yTemp }, size, clrAxis);
        yTemp += yTickStep;
    }
    // 显示“Y”
    PlotText(_T("Y"), { origin.x - 0.025 * xLen ,yTemp - yTickStep + 0.01 * yLen }, 0.02 *
xLen, clrText);
    // y 轴负半轴标记
    yTemp = origin.y - yTickStep;
    while (yTemp > wdnRegion.yMin) {
        // 显示文字
        swprintf_s(s, _T("%.2lf"), yTemp);
        PlotText(s, { origin.x + 0.015 * xLen ,yTemp + 0.01 * yLen }, 0.02 * xLen, clrText);
        // 绘制刻度
```

```
        PlotSegment({ origin.x,yTemp }, { origin.x + 0.01 * xLen, yTemp }, size, clrAxis);
        yTemp -= yTickStep;
    }
}

// 绘制文字
void PlotText(const TCHAR * str, PlotPNT2D loc, int size, COLORREF clr)
{
    settextstyle(size, 0, _T("Consolas"));
    settextcolor(clr);
    outtextxy(transCoordX(loc.x), transCoordY(loc.y), str);
}
```

10.2　单神经元分类器代码及数据

代码：

```
#define _CRT_SECURE_NO_WARNINGS
#include "plot.h"
#include <float.h>
#include <stdio.h>
#include <math.h>
#include <time.h>

typedef double * Mat;

/******************** 数据 ********************/
// 学习过程控制
int maxIter = 1000;             // 最大迭代次数
double eta = 0.005;             // 迭代步长，学习率
int indexNext = -1;             // 下一次迭代所用数据索引号
// 感知机数据
int feaLength = 0;              // 数据特征长度
double * w = NULL;              // 权值向量
double theta = 0.0;             // 偏置
// 训练集数据
int trainNum = 0;               // 训练集样本数
Mat * trainData = NULL;         // 训练集样本
int * trainLabel = NULL;        // 训练集类别值
int * trainLabelCal = NULL;     // 计算训练集类别值
// 测试集数据
int testNum = 0;                // 测试集样本数
Mat * testData = NULL;          // 测试集样本
int * testLabel = NULL;         // 测试集类别值
```

```
// 文件指针
FILE * fp = NULL;              // 文件读/写指针
// 显示相关参数
int show = 0;                  // 控制是否进行显示，仅当特征数为 2 时显示

/ ******************** 数据操作函数 ****************** /
// 创建矩阵
Mat * mCreate(int nRow, int nCol) {
    if (nRow < 1 || nCol < 1)
        return NULL;
    Mat * m = (Mat * )malloc(sizeof(double * ) * nRow);
    m[0] = (double * )malloc(sizeof(double) * nRow * nCol);
    for (int i = 1; i < nRow; i ++ )
        m[i] = m[i - 1] + nCol;
    return m;
}
// 释放矩阵
void mFree(Mat * m) {
    if (m) {
        if (m[0])
            free(m[0]);
        free(m);
    }
}
// 清理数据
void clearData() {
    feaLength = 0; theta = 0.0;
    trainNum = 0; testNum = 0;
    // 其他参数
    FILE * fp = NULL;
    if (fp) {
        fclose(fp);
        fp = NULL;
    }
    if (w) {
        free(w);
        w = NULL;
    }
    if (trainData) {
        mFree(trainData);
        trainData = NULL;
    }
    if (trainLabel) {
        free(trainLabel);
        trainLabel = NULL;
```

```
    }
    if (trainLabelCal) {
        free(trainLabelCal);
        trainLabelCal = NULL;
    }
    if (testData) {
        mFree(testData);
        testData = NULL;
    }
    if (testLabel) {
        free(testLabel);
        testLabel = NULL;
    }
}
// 读取训练集数据，并初始化 w 和 theta
int readTrain(char * filePath) {
    int i = 0, j = 0;
    if (! filePath) {
        clearData();
        return 1;
    }
    fp = fopen(filePath, "r");
    // 读取训练集样本数 数据特征长度
    if (! fp ||
        2 != fscanf(fp, "%d%d", &trainNum, &feaLength)) {
        clearData();
        return 1;
    }
    // 开辟训练数据空间
    trainData = mCreate(trainNum, feaLength);
    trainLabel = (int *)malloc(trainNum * sizeof(int));
    trainLabelCal = (int *)malloc(trainNum * sizeof(int));
    if (! trainData || ! trainLabel || ! trainLabelCal) {
        // 分配失败
        clearData();
        return 1;
    }
    // 读取特征值和标签值
    for (i = 0; i < trainNum; i++) {
        for (j = 0; j < feaLength; j++) {
            if (1 != fscanf(fp, "%lf", &trainData[i][j])) {
                clearData();
                return 1;
            }
        }
```

```
        if (1 != fscanf(fp, "%d", &trainLabel[i])) {
            clearData();
            return 1;
        }
        else {
            trainLabelCal[i] = trainLabel[i];
        }
    }
    fclose(fp);
    fp = NULL;
    // 初始化 w 和 theta
    w = (double*)malloc(feaLength * sizeof(double));
    srand((unsigned)time(NULL));
    for (int i = 0; i < feaLength; i++) {
        w[i] = 1.0 * (rand() - RAND_MAX / 2) / RAND_MAX;    // 生成 -0.5~0.5 随机数
    }
    theta = 1.0 * (rand() - RAND_MAX / 2) / RAND_MAX;        // 生成 -0.5~0.5 随机数

    return 0;
}
// 读取测试集数据
int readTest(char* filePath) {
    int i = 0, j = 0;
    if (!filePath) {
        clearData();
        return 1;
    }
    fp = fopen(filePath, "r");
    // 读取训练集样本数 数据特征长度
    if (!fp ||
        2 != fscanf(fp, "%d%d", &testNum, &feaLength)) {
        clearData();
        return 1;
    }
    // 开辟测试数据空间
    testData = mCreate(testNum, feaLength);
    testLabel = (int*)malloc(testNum * sizeof(int));
    if (!testData || !testLabel) {
        // 分配失败
        clearData();
        return 1;
    }
    // 读取特征值和标签值
    for (i = 0; i < testNum; i++) {
        for (j = 0; j < feaLength; j++) {
```

```
            if (1 != fscanf(fp, "%lf", &testData[i][j])) {
                clearData();
                return 1;
            }
        }
        if (1 != fscanf(fp, "%d", &testLabel[i])) {
            clearData();
            return 1;
        }
    }
    fclose(fp);
    fp = NULL;
    return 0;
}

/********************** 显示相关 **********************/
// 设置显示相关参数
void updatShowParam() {
    // 判断是否显示
    show = feaLength == 2;
    // 更新显示相关数据
    if (show) {
        double xmin = DBL_MAX, xmax = DBL_MIN, ymin = DBL_MAX, ymax = DBL_MIN;
        for (int i = 0; i < trainNum; i++) {
            if (xmin > trainData[i][0]) xmin = trainData[i][0];
            if (xmax < trainData[i][0]) xmax = trainData[i][0];
            if (ymin > trainData[i][1]) ymin = trainData[i][1];
            if (ymax < trainData[i][1]) ymax = trainData[i][1];
        }
        xmin = xmin - (xmax - xmin) * 0.1; xmax = xmax + (xmax - xmin) * 0.1;
        ymin = ymin - (ymax - ymin) * 0.1; ymax = ymax + (ymax - ymin) * 0.1;
        PlotInit({ xmin,xmax,ymin,ymax }, 640, 480, LIGHTGRAY);
        PlotClear();
    }
}
// 刷新显示接口
void updateShow() {
    if (show) {
        BeginBatchDraw();
        PlotClear();            // 用背景色清空屏幕
        // 绘制测试数据
        for (int i = 0; i < trainNum; i++) {
            if (trainLabel[i] == 1) {
                if (indexNext == i)
                    // 选定用于更新超平面的数据，绘制为实心白色矩形
```

```
                PlotPoint({ trainData[i][0] ,trainData[i][1] }, 12, WHITE, RECT_SOLID);
            else if (trainLabelCal[i] == trainLabel[i])
                // 分类正确，绘制为实心红色矩形
                PlotPoint({ trainData[i][0] ,trainData[i][1] }, 12, RED, RECT_SOLID);
            else
                // 分类错误，绘制为空心红色矩形
                PlotPoint({ trainData[i][0] ,trainData[i][1] }, 12, RED, RECT_EMPTY);
        }
        else {
            if (indexNext == i)
                PlotPoint({ trainData[i][0] ,trainData[i][1] }, 16, WHITE, CIRCLE_EMPTY);
            else if (trainLabelCal[i] == trainLabel[i])
                PlotPoint({ trainData[i][0] ,trainData[i][1] }, 16, GREEN, CIRCLE_SOLID);
            else
                PlotPoint({ trainData[i][0] ,trainData[i][1] }, 16, GREEN, CIRCLE_EMPTY);
        }
    }
    // 绘制计算超平面
    PlotLine(w[0], w[1], theta, 2, BLUE);
    PlotSleep(50);     // 暂停
    EndBatchDraw();
  }
}

/************************ 计算 ***********************/
// 内积
double dot(double * x1, double * x2, int len) {
    double ret = 0.0;
    for (int i = 0; i < len; i++)
        ret += x1[i] * x2[i];
    return ret;
}
// 向量模长
double length(double * x1, int len) {
    return sqrt(dot(x1, x1, len));
}
// 计算类别
int predict(double * x) {
    if ((dot(x, w, feaLength) + theta) >= 0.0)
        return 1;
    else
        return -1;
}
// 计算损失函数，确定下一次迭代所用的数据索引号，并返回错误分类数
double calLoss(int * numError = NULL) {
```

```
    double loss = 0.0;
    int num = 0;                                    // 发生误分类个数
    int * index = (int * )malloc(trainNum * sizeof(int));
    indexNext = -1;
    for (int i = 0; i < trainNum; i++) {
        trainLabelCal[i] = predict(trainData[i]);
        if (trainLabelCal[i] != trainLabel[i]) {
            index[num++] = i;                       // 发生误分类
            loss += 1.0 * trainLabel[i] * (dot(trainData[i], w, feaLength) + theta);
        }
    }
    // 从误分类数据中随机确定一个
    if (num) {
        indexNext = index[rand() % num];
    }
    free(index);
    if (numError)
        * numError = num;
    return - loss / length(w, feaLength);
}
// 更新感知机
void updataPerceptron() {
    double len = 0.0;                               // 向量 [w0, w1, ..., wn, theta] 的模长
    // 更新 w 和 theta
    for (int i = 0; i < feaLength; i++)
        w[i] += eta * trainLabel[indexNext] * trainData[indexNext][i];
    theta += eta * trainLabel[indexNext];
    // 单位化向量 [w0, w1, ..., wn, theta]
    len = sqrt(dot(w, w, feaLength) + theta * theta);
    for (int i = 0; i < feaLength; i++)
        w[i] /= len;
    theta /= len;
}
// 开始学习(迭代)
int startLearn() {
    double loss = 0.0;
    int numError = 0;
    // 打印初始信息
    printf("Start. W = [");
    for (int j = 0; j < feaLength; j++) {
        printf(" %lf ", w[j]);
    }
    printf("], theta = %lf\n", theta);
    // 初始显示
    updateShow();                                   // 更新显示
```

```
    for (int i = 0; i < maxIter; i++) {
        loss = calLoss(&numError);                  // 计算损失函数
        if (loss == 0.0) {
            updateShow();
            // 收敛
            printf("Complete. Loss: %lf, numErr: %d, W_new = [", loss, numError);
            for (int j = 0; j < feaLength; j++) {
                printf(" %lf ", w[j]);
            }
            printf("], theta_new = %lf\n", theta);
            return 0;
        }
        updateShow();                               // 更新显示
        updataPerceptron();                         // 更新感知机
        // 打印信息
        printf("Iter %d, Loss: %lf, numErr: %d, W_new = [", i, loss, numError);
        for (int j = 0; j < feaLength; j++) {
            printf(" %lf ", w[j]);
        }
        printf("], theta_new = %lf\n", theta);
    }
    printf("Non convergence\n");
    return 1;                                       // 未收敛
}

// 用测试集进行检验
void predictTest() {
    int num = 0;                                    // 预测错误数
    for (int i = 0; i < testNum; i++) {
        if (predict(testData[i]) != testLabel[i])
            num++;
    }
    printf("Accuracy: %lf%%", 100.0 * (testNum - num) / testNum);
}

int main(int argc, char * argv[])
{
    // STEP1 准备数据
    if (argc >= 3) {
        // 读取测试数据
        if (readTest(argv[2])) {
            clearData();
            return 1;
        }
    }
```

```
    if(argc > = 2) {
        // 读取训练数据
        if (readTrain(argv[1])) {
            clearData();
            return 1;
        }
    }
    else {
        return 1;     // 入参数目不对
    }
    // STEP2 根据读入训练数据，更新显示相关参数
    updatShowParam();
    // STEP3 开始迭代,仅当特征数为 2 时才进行显示
    int ret = startLearn();
    // STEP4 对测试集进行测试
    if (ret == 0 && testData )
        predictTest();
    _getch();
    clearData();
    return 0;
}
```

训练集数据：

```
80  2
5.1  3.5  1
4.9  3.0  1
4.7  3.2  1
4.6  3.1  1
5.0  3.6  1
5.4  3.9  1
4.6  3.4  1
5.0  3.4  1
4.4  2.9  1
4.9  3.1  1
5.4  3.7  1
4.8  3.4  1
4.8  3.0  1
4.3  3.0  1
5.8  4.0  1
5.7  4.4  1
5.4  3.9  1
5.1  3.5  1
5.7  3.8  1
5.1  3.8  1
5.4  3.4  1
```

```
5.1  3.7  1
4.6  3.6  1
5.1  3.3  1
4.8  3.4  1
5.0  3.0  1
5.0  3.4  1
5.2  3.5  1
5.2  3.4  1
4.7  3.2  1
4.8  3.1  1
5.4  3.4  1
5.2  4.1  1
5.5  4.2  1
4.9  3.1  1
5.0  3.2  1
5.5  3.5  1
4.9  3.1  1
4.4  3.0  1
5.1  3.4  1
7.0  3.2  -1
6.4  3.2  -1
6.9  3.1  -1
5.5  2.3  -1
6.5  2.8  -1
5.7  2.8  -1
6.3  3.3  -1
4.9  2.4  -1
6.6  2.9  -1
5.2  2.7  -1
5.0  2.0  -1
5.9  3.0  -1
6.0  2.2  -1
6.1  2.9  -1
5.6  2.9  -1
6.7  3.1  -1
5.6  3.0  -1
5.8  2.7  -1
6.2  2.2  -1
5.6  2.5  -1
5.9  3.2  -1
6.1  2.8  -1
6.3  2.5  -1
6.1  2.8  -1
6.4  2.9  -1
6.6  3.0  -1
```

```
6.8  2.8  -1
6.7  3.0  -1
6.0  2.9  -1
5.7  2.6  -1
5.5  2.4  -1
5.5  2.4  -1
5.8  2.7  -1
6.0  2.7  -1
5.4  3.0  -1
6.0  3.4  -1
6.7  3.1  -1
6.3  2.3  -1
5.6  3.0  -1
5.5  2.5  -1
```

测试集数据：

```
20  2
5.0  3.5  1
4.5  2.3  1
4.4  3.2  1
5.0  3.5  1
5.1  3.8  1
4.8  3.0  1
5.1  3.8  1
4.6  3.2  1
5.3  3.7  1
5.0  3.3  1
5.5  2.6  -1
6.1  3.0  -1
5.8  2.6  -1
5.0  2.3  -1
5.6  2.7  -1
5.7  3.0  -1
5.7  2.9  -1
6.2  2.9  -1
5.1  2.5  -1
5.7  2.8  -1
```

10.3　遗传算法求解一元函数极值问题代码

```
#include < stdlib.h >
#include < math.h >
#include "plot.h"
```

```
double rand01()
{
    return ((double)rand() / RAND_MAX);
}

double gaSelect(int n, double( * xs)[3]) // 按轮盘赌方法随机选出一个个体, n 是个体总数, xs 数组
是个体信息
{
    double p = rand01(), c = 0.;
    for (int i = 0; i < n; i++ ) {
        c += xs[i][1]; if (p < c)
        return xs[i][0];                          // 返回个体索引号
    }
    return xs[n - 1][0];                          // 返回个体索引号
}

// 两个个体染色体交叉,输入两个个体及交叉概率,输出两个新个体
void gaCross(double as[2], double pc)
{

    if (rand01() < pc) {
        _int64 * x1 = (_int64 * )&(as[0]);        // 父代 1
        _int64 * x2 = (_int64 * )&(as[1]);        // 父代 2
        _int64 s = (_int64)(rand01() * 64);       // 取单点交叉点
        for (_int64 i = 0, m = 1; i < 64; i++ , m < < = 1) {
            if (i > = s && (x1[0] & m) ! = (x2[0] & m)) // x1[0]和 x2[0]的第 i 位不同
            {
                x1[0] ^= m;                       // 相当于取 x2[0]的第 i 位
                x2[0] ^= m;                       // 相当于取 x1[0]的第 i 位
            }
        }
    }
}

// 个体变异,输入一个个体及变异概率,输出新个体
void gaMutate(double& x, double pm)
{
    _int64 * p = (_int64 * )&x; // 父代
    for (_int64 i = 0, m = 1; i < 63; i++ , m < < = 1) {
        if (rand01() < pm) // 变异
        p[0] ^= m; // x 的第 i 位取反
    }
}
```

```
// 用遗传算法求:min f(x), 假设函数 f(x)的定义域为[0,1], 并且 f(x) > = 0,
// 输入函数 f(x), 交叉概率为 pc,变异概率为 pm, 初始种群 n,最多迭代 max 次
// 输出函数的近似极值点 x 和对应的近似极小值 min
int gaMin2(double ( * f)(double x), double pc, double pm, int n, int max, double& x, double& min)
{
    // 绘制相关
    PlotInit({ 0.0 , 1.0, 5.0, 50.0 }, 640, 480);
    PlotClear();                        // 用背景色清空屏幕
    PlotAxis({ 0.5,10 },0.2,5);         // 绘制坐标轴
    int numpnts = 1000;                 // 绘制 1 000 个点
    double * pntsX = new double[numpnts];
    double * pntsY = new double[numpnts];
    for (int i = 0; i < numpnts; i ++ ) {
        pntsX[i] = 0.0 + 1.0 / (numpnts - 1) * i;
        pntsY[i] = f(pntsX[i]);
    }
    PlotPointArray({ pntsX ,pntsY,numpnts }, 0, 3, WHITE, BLUE);

    int i, j, k;
    double( * xs)[3] = NULL, ff, dd, as[2];
    if (f = = NULL ||
        pc < 0. || pm < 0. || n < 1)
        return 0; // error
        // create initial population
    xs = new double[n][3]; // xs[i][0]是旧个体,xs[i][1]是 x[i][0]的适应度值,xs[i][2]是新个体
    for( j = 0 ; j < n ; j++ )
        xs[j][0] = rand01();
    for (i = 0; i < max; i ++ )
    {
        for (dd = 0., j = 0; j < n; j ++ ) // 对每个后代个体计算适应度,并取其中最大的
        {
            xs[j][1] = f(xs[j][0]); if (dd < xs[j][1])
            dd = xs[j][1];
        }
        for (ff = 0., j = 0; j < n; j ++ )
        {
            xs[j][1] = dd - xs[j][1]; ff += xs[j][1];
        }
        if (ff < 1.e - 50)
            break;
        for (j = 0; j < n; j ++ ) // 对每个后代个体
            xs[j][1] / = ff;
        for (j = 0; j < n; j ++ ) // 繁殖两个新个体
        {
            as[0] = gaSelect(n, xs); as[1] = gaSelect(n, xs); gaCross(as, pc);
```

```
            gaMutate(as[0], pm);
            gaMutate(as[1], pm);
            k = f(as[0]) < f(as[1]) ? 0 : 1; // 保留一个适应度好的
            if (as[k] < 0. ||
                as[k] > 1.)
                as[k] = rand01();
            xs[j][2] = as[k];
        }
        for (j = 0; j < n; j++)              // 更新
            xs[j][0] = xs[j][2];

        BeginBatchDraw();
        PlotClear();                         // 用背景色清空屏幕
        PlotAxis({ 0.5,8 }, 0.2, 3);         // 绘制坐标轴
        // 绘制曲线
        PlotPointArray({ pntsX ,pntsY,numpnts }, 0, 3, WHITE, BLUE);
        for (int i = 0; i < n; i++) {
            PlotPoint({ xs[i][0] ,f(xs[i][0]) }, 16, RED, CIRCLE_SOLID);
        }
        FlushBatchDraw();
        PlotSleep(50);
    }
    x = xs[0][0];
    min = f(x);
    for (j = 1; j < n; j++)                  // 从最后一代中选一个最优的个体
    {

        ff = f(xs[j][0]); if (min > ff)
        {
            min = ff;
            x = xs[j][0];
        }
    }
    delete[] pntsX;
    delete[] pntsY;
    delete[] xs;
    return 1;

}

double f(double x) {
    return 25 + 9 * x + 10 * sin(45 * x) + 7 * cos(36 * x);
}

int main()
```

```
{
    double pc = 0.9, pm = 0.01, x, min;
    gaMin2(f, pc, pm, 100, 100, x, min);
    _getch();
    return 0;
}
```

10.4　遗传算法求解 TSP 问题代码及数据

代码：

```
#define _CRT_SECURE_NO_WARNINGS
#include "plot.h"
#include < stdlib.h >
#include < stdio.h >
#include < math.h >
#include < float.h >
#include < time.h >

///////////////数据结构体///////////////
typedef double * Mat;
// 显示信息
typedef struct _visualInfo {
    int width;
    int height;
    double xmin;
    double xmax;
    double ymin;
    double ymax;
}VisualInfo;
// 城市信息
typedef struct _cityinfo {
    int num;                    // 城市的数量
    double( * loc)[2];          // 城市的坐标
    Mat * dist;                 // 城市的距离矩阵，num * num
}CityInfo;
// 路径
typedef struct _path {
    int num;                    // 城市节点数
    int * index;                // 城市索引号
    double dist;                // 路径长度
    double fitness;             // 适应度
    double select;              // 选择概率
}Path;
```

```
///////////////显示操作///////////////
// 根据城市信息更新显示范围
void updateRange(CityInfo * cityInfo, VisualInfo * vinfo) {
    double xmin = DBL_MAX, xmax = DBL_MIN;
    double ymin = DBL_MAX, ymax = DBL_MIN;
    for (int i = 0; i < cityInfo->num; i++) {
        if (xmin > cityInfo->loc[i][0]) xmin = cityInfo->loc[i][0];
        if (xmax < cityInfo->loc[i][0]) xmax = cityInfo->loc[i][0];
        if (ymin > cityInfo->loc[i][1]) ymin = cityInfo->loc[i][1];
        if (ymax < cityInfo->loc[i][1]) ymax = cityInfo->loc[i][1];
    }
        xmin = xmin - (xmax - xmin) * 0.1; xmax = xmax + (xmax - xmin) * 0.1;
        ymin = ymin - (ymax - ymin) * 0.1; ymax = ymax + (ymax - ymin) * 0.1;
    vinfo->xmin = xmin; vinfo->xmax = xmax;
    vinfo->ymin = ymin; vinfo->ymax = ymax;
}

// 初始化显示
void initVisual(CityInfo * cityInfo, VisualInfo * vinfo) {
    updateRange(cityInfo, vinfo);
    PlotInit({ vinfo->xmin,vinfo->xmax,vinfo->ymin, vinfo->ymax }, vinfo->width,
vinfo->height);
    PlotClear();            // 用背景色清空屏幕
}

// 绘制城市节点
void showCityInfo(CityInfo * cityInfo, VisualInfo * vinfo, COLORREF clrPnt = RED) {
    int cityNum = cityInfo->num;
    for (int i = 0; i < cityNum; i++)
        PlotPoint({ cityInfo->loc[i][0] ,cityInfo->loc[i][1] }, 16, clrPnt, CIRCLE_SOLID);
}

// 绘制路径
void showPath(Path * path, CityInfo * cityInfo, VisualInfo * vinfo, COLORREF clrLine = BLUE) {
    int cityNum = cityInfo->num;
    setlinestyle(PS_SOLID, 2);
    setlinecolor(clrLine);
    int idxS = -1, idxE = -1;
    for (int i = 0; i < cityNum; i++) {
        idxS = path->index[i];
        idxE = path->index[(i + 1) % cityNum];
        PlotSegment({ cityInfo->loc[idxS][0] ,cityInfo->loc[idxS][1] }, { cityInfo->loc
[idxE][0],cityInfo->loc[idxE][1] }, 2, clrLine);
    }
}
```

```
// 更新每一帧显示
void updateFrame(Path * path, CityInfo * cityInfo, VisualInfo * vinfo,
    int sleepTime = 0, COLORREF clrPnt = RED, COLORREF clrLine = BLUE) {
    BeginBatchDraw();
    PlotClear();            // 用背景色清空屏幕
    showCityInfo(cityInfo, vinfo, clrPnt);
    showPath(path, cityInfo, vinfo, clrLine);
    FlushBatchDraw();
    PlotSleep(sleepTime);
}

///////////////矩阵操作///////////////
// 创建矩阵
Mat * mCreate(int nRow, int nCol) {
    if (nRow < 1 || nCol < 1)
        return NULL;
    Mat * m = (Mat *)malloc(sizeof(double * ) * nRow);
    m[0] = (double *)malloc(sizeof(double) * nRow * nCol);
    for (int i = 1; i < nRow; i++)
        m[i] = m[i - 1] + nCol;
    return m;
}

// 释放矩阵
void mFree(Mat * m) {
    if (m) {
        if (m[0])
            free(m[0]);
        free(m);
    }
}

///////////////城市操作///////////////
// 释放 Citys
void freeCitys(CityInfo * cityInfo) {
    if (cityInfo) {
        if (cityInfo->loc) {
            delete[] cityInfo->loc;
            cityInfo->loc = NULL;
        }
        if (cityInfo->dist) {
            mFree(cityInfo->dist);
            cityInfo->dist = NULL;
        }
    }
```

```
}

// 创建并读取城市坐标，计算距离矩阵
int createCitys(CityInfo * cityInfo, FILE * fp) {
    int n = 0;    // 城市数
    int index = 0;
    if (! fp || ! cityInfo) {
        return 0;
    }
    fscanf(fp, "%d", &n);
    if (n > 1) {
        cityInfo->num = n;
        cityInfo->loc = new double[n][2];
        cityInfo->dist = mCreate(n, n);
    }
    else {
        return 1;    // 城市数应该大于 2
    }
    for (int i = 0; i < n; i++) {
        if (3 != fscanf(fp, "%d%lf%lf", &index, &(cityInfo->loc[i][0]), &(cityInfo->
loc[i][1]))) {
            freeCitys(cityInfo);
            return 1;
        }
    }
    // 计算距离
    double diffX = 0.0, diffY = 0.0;
    for (int i = 0; i < n; i++) {
        for (int j = 0; j < n; j++) {
            diffX = cityInfo->loc[i][0] - cityInfo->loc[j][0];
            diffY = cityInfo->loc[i][1] - cityInfo->loc[j][1];
            cityInfo->dist[i][j] = sqrt(diffX * diffX + diffY * diffY);
        }
    }
    return 0;
}

///////////////路径操作///////////////
// 释放路径
void freePath(Path * path) {
    if (path) {
        if (path->index)
            delete[] path->index;
    }
}
```

```
// 从文件创建并读取单个路径
int createPathFILE(Path * path, FILE * fp) {
    int n = 0;                                  // 城市数
    if (! fp || ! path)
        return 1;
    fscanf(fp, "%d", &n);
    if (n > 1) {
        path->num = n;
        path->index = new int[n];
    }
    else
        return 1;                               // 城市数应该大于 2
    for (int i = 0; i < n; i++) {
        if (1 != fscanf(fp, "%d", &(path->index[i]))) {
            freePath(path);
            return NULL;
        }
        path->index[i]--;      // 文件中城市编号是从 1 开始，置为从 0 开始
    }
    return 0;
}

// 随机生成 numPop 个城市数为 numCity 的路径，其中第一个元素始终为 0
int createPathRand(Path * paths, int numPop, int numCity) {
    if (numPop < 1 || numCity < 1 || ! paths)
        return 1;
    Path * path = NULL;
    for (int i = 0; i < numPop; i++) {
        path = paths + i;
        path->num = numCity;
        if (path->index)
            delete[] path->index;
        path->index = new int[numCity];
        for (int j = 0; j < numCity; j++)
            path->index[j] = j;
        int swapIdx = 0, temp = 0;
        for (int j = 1; j < numCity; j++) {
            // 在 [1,num-1] 中随机生成一个序号，与编号为 i 的元素交换
            swapIdx = rand() % (numCity - 1) + 1;
            temp = path->index[j];
            path->index[j] = path->index[swapIdx];
            path->index[swapIdx] = temp;
        }
    }
    return 0;
```

```
}

// 根据城市坐标和路径，计算种群中所有个体的路径\适应度\被选中的概率
int calIndividual(Path * paths, int numPop, CityInfo * cityInfo, int * bestIdx) {
    if (! paths || ! cityInfo || numPop < 1) {
        return 1;
    }
    // 计算所有个体的 dist
    Path * path = NULL;
    int numCity = cityInfo->num;
    double dist = 0.0, maxDist = 0.0, minDist = DBL_MAX;
    for (int i = 0; i < numPop; i++) {
        path = paths + i;
        dist = 0.0;
        for (int j = 0; j < path->num; j++) {
            dist = dist + cityInfo->dist[path->index[j]][path->index[(j + 1) % numCity]];
        }
        path->dist = dist;
        if (maxDist < dist)
            maxDist = dist;                         // 更新最大距离
        if (minDist > dist) {
            minDist = dist;
            if (bestIdx)
                * bestIdx = i;                      // 更新所有个体编号
        }
    }
    // 计算所有个体距离最长距离的差，作为适应度
    double totalFitness = 0.0;                      // 总适应度
    for (int i = 0; i < numPop; i++) {
        path = paths + i;
        path->fitness = maxDist - path->dist;
        totalFitness += path->fitness;
    }
    // 计算个体被选中的概率
    for (int i = 0; i < numPop; i++) {
        path = paths + i;
        path->select = (totalFitness < 1e-50) ? 1.0 : (path->fitness / totalFitness);
    }
    return 0;
}

// 复制路径，仅赋值节点数和路径
int copyPath(Path * src, Path * dst) {
    if (! src || ! dst) {
```

```
        return 1;
    }
    dst->num = src->num;
    dst->index = new int[dst->num];
    for (int i = 0; i < dst->num; i++) {
        dst->index[i] = src->index[i];
    }
    return 0;
}

///////////////GA 算法求解 TSP///////////////
// 按照轮盘赌的方式选择个体
int gaSelect(Path* path, int numPop) {
    double p = (double)rand() / RAND_MAX, c = 0.0;
    for (int i = 0; i < numPop; i++) {
        c += path[i].select;
        if (p < c) {
            return i;
        }
    }
    return numPop - 1;
}

// 交叉算子
void gaCross(Path* pathSrc1, Path* pathSrc2, Path* pathDst1, Path* pathDst2,double pc) {
    double p = (double)rand() / RAND_MAX;
    if (p < pc) {
        // 交叉
        int numCity = pathSrc1->num;
        // 在 [1,numCity-1] 确定不重复的两个数
        int* idx1 = pathSrc1->index;
        int* idx2 = pathSrc2->index;
        int loc1 = rand() % (numCity - 1) + 1, loc2 = loc1;
        while (loc2 == loc1) {
            loc2 = rand() % (numCity - 1) + 1;
        }
        if (loc1 > loc2) {
            // 保证 loc1 < loc2
            int temp = loc1;
            loc1 = loc2;
            loc2 = temp;
        }

        // 交换 idx1[loc1,loc2] 与 idx2[loc1,loc2] 对应元素
        for (int i = loc1; i <= loc2; i++) {
```

```
            int temp = idx1[i];
            idx1[i] = idx2[i];
            idx2[i] = temp;
        }

        // 寻找 idx1 中 [1,loc1) (loc2,numCity - 1] 元素是否与 idx2 中 [loc1,loc2] 重复，如果重复，则修改为对应的值
        // idx2 的操作同上
        for (int i = 1; i < numCity; i++) {
            if (i >= loc1 && i <= loc2)
                continue;
            // 检查 idx1[i] 是否与 idx2[idx1,idx2]重复
            int flag = 1, j = 0;
            while (flag) {
                for (j = loc1; j <= loc2; j++) {
                    if (idx1[i] == idx1[j]) {
                        idx1[i] = idx2[j];
                        break;
                    }
                }
                if (j == (loc2 + 1))
                    flag = 0;
            }
            flag = 1;
            while (flag) {
                for (j = loc1; j <= loc2; j++) {
                    if (idx2[i] == idx2[j]) {
                        idx2[i] = idx1[j];
                        break;
                    }
                }
                if (j == (loc2 + 1))
                    flag = 0;
            }
        }

    }
    // 不交叉，直接复制
    copyPath(pathSrc1, pathDst1);
    copyPath(pathSrc2, pathDst2);
}

// 变异算子，交换路径中两个索引号
void gaMutate(Path* path, double pm) {
    double p = (double)rand() / RAND_MAX;
```

```
    if (p < pm) {
        // 交叉
        int numCity = path->num;
        // 在 [1,numCity - 1] 确定不重复的两个数
        int * idx = path->index;
        int loc1 = rand() % (numCity - 1) + 1, loc2 = loc1;
        while (loc2 == loc1) {
            loc2 = rand() % (numCity - 1) + 1;
        }
        int temp = idx[loc1];
        idx[loc1] = idx[loc2];
        idx[loc2] = temp;
    }
}

// GA 算法
int GATSP(Path * path, CityInfo * cityInfo, int numCity, int numPop, double pc, double pm, int max-
Iter, Path * pathOpt, VisualInfo * vinfo, int * bestIdx) {
    for (int i = 0; i < maxIter; i++) {
        Path * pathNew = new Path[numPop]{ 0 };     // 新一代种群
        for (int j = 0; j < numPop; j++) {
            // 繁殖出下一代的新种群
            // 选择两个新个体，进行交叉变异
            Path path1, path2;
            int idx1 = gaSelect(path, numPop), idx2 = gaSelect(path, numPop);
            gaCross(path + idx1, path + idx2, &path1, &path2, pc);
            gaMutate(&path1, pm);
            gaMutate(&path2, pm);
            // 计算新个体适应度
            calIndividual(&path1, 1, cityInfo, bestIdx);
            calIndividual(&path2, 1, cityInfo, bestIdx);
            if (path1.dist < path2.dist) {
                copyPath(&path1, pathNew + j);
            }
            else {
                copyPath(&path2, pathNew + j);
            }
            freePath(&path1);
            freePath(&path2);
        }

        for (int j = 0; j < numPop; j++) {
            freePath(path + j);
            copyPath(pathNew + j, path + j);
            freePath(pathNew + j);
```

```
        }
        delete[] pathNew;
        calIndividual(path, numPop, cityInfo, bestIdx);
        // 输出迭代信息
        printf("%d Iter, ", i);
        printf("current shortest path: %lf", path[*bestIdx].dist);
        if (pathOpt) {
            double err = (path[*bestIdx].dist - pathOpt->dist) / (pathOpt->dist) * 100;
            printf(", optimal path: %lf, error %.2lf%%\n", pathOpt->dist, err);
        }
        else {
            printf("\n");
        }
        if(vinfo)
            updateFrame(path + (*bestIdx), cityInfo, vinfo, 20);    // 显示最优路径
    }

    return 0;
}

int main(int argc, char* argv[])
{
    VisualInfo vinfo{ 640,480,0.0,0.0,0.0,0.0 };
    CityInfo cityInfo{ 0,NULL,NULL };           // 读入的城市坐标
    Path pathOpt{ 0,NULL,0.0,0.0,0.0 };         // 读入的最优路径
    FILE* fp = NULL;
    // GA 相关
    int numCity = 0;                            // 城市数
    double pc = 0.9;                            // 交叉概率
    double pm = 0.1;                            // 变异概率
    int numPop = 2000;                          // 种群规模
    int maxIter = 1000;                         // 最大迭代次数
    int bestIdx = -1;                           // 某次迭代最优个体的编号
    Path* path = new Path[numPop]{0};           // 旧种群

    // STEP1 读取数据显示准备
    if (argc >= 3) {
        // 读取最优路径
        fp = fopen(argv[2], "r");
        if (!fp || createPathFILE(&pathOpt, fp)) {
            fclose(fp); fp = NULL;
        }
    }
    if (argc >= 2) {
        // 读取城市坐标数据
```

```
        fp = fopen(argv[1], "r");
        if (! fp || createCitys(&cityInfo, fp)) {
            fclose(fp); fp = NULL;
        }
    }
    else {
        return 1;     // 入参数目不对
    }
    numCity = cityInfo.num;                                            // 城市数
    // 初始化显示
    initVisual(&cityInfo ,&vinfo);
    updateFrame(&pathOpt, &cityInfo, &vinfo, 1000, RED, GREEN);     // 显示最优路径

    // STEP2 准备 GA 所用数据
    // 初始化种群
    srand((unsigned)time(NULL));
    createPathRand(path, numPop, numCity);                            // 创建随机路径
    calIndividual(&pathOpt, 1, &cityInfo, &bestIdx);                  // 计算理论最优个体信息
    calIndividual(path, numPop, &cityInfo, &bestIdx);                 // 计算个体信息

    // STEP3 开始迭代
    GATSP(path, &cityInfo, numCity, numPop, pc, pm, maxIter, &pathOpt, &vinfo, &bestIdx);

    // STEP4 释放数据
    freePath(&pathOpt);
    freeCitys(&cityInfo);
    if (fp)
        fclose(fp);
    if (path) {
        for (int i = 0; i < numPop; i++) {
            freePath(path + i);
        }
    }
    delete[] path;

    return 0;
}
```

eli51 数据：

```
51
1  37  52
2  49  49
3  52  64
4  20  26
```

```
5  40  30
6  21  47
7  17  63
8  31  62
9  52  33
10  51  21
11  42  41
12  31  32
13  5  25
14  12  42
15  36  16
16  52  41
17  27  23
18  17  33
19  13  13
20  57  58
21  62  42
22  42  57
23  16  57
24  8  52
25  7  38
26  27  68
27  30  48
28  43  67
29  58  48
30  58  27
31  37  69
32  38  46
33  46  10
34  61  33
35  62  63
36  63  69
37  32  22
38  45  35
39  59  15
40  5  6
41  10  17
42  21  10
43  5  64
44  30  15
45  39  10
46  32  39
47  25  32
48  25  55
49  48  28
50  56  37
51  30  40
```

eli51 数据的最优路径：

```
51
1
22
8
26
31
28
3
36
35
20
2
29
21
16
50
34
30
9
49
10
39
33
45
15
44
42
40
19
41
13
25
14
24
43
7
23
48
6
27
51
46
```

```
12
47
18
4
17
37
5
38
11
32
```

10.5 粒子群算法求解二元函数极值问题代码

```
#include "plot.h"    // 简单绘图框架
#include < math.h >
#include < stdlib.h >
#include < string.h >
#include < time.h >

#define rand01() ((double)rand()/RAND_MAX)
#define res01(d) (d < 0? 0:(d > 1? 1:d))
#define PI 3.14159265358979

typedef struct _ant ANT;           // 粒子
struct _ant
{
    double pos[2];                 // 粒子当前的位置
    double v[2];                   // 粒子当前的速度
    double pBest[2];               // 粒子当前的 pBest
    double f;                      // f = f(pBest[0], pBest[1])
};

// 粒子初始化
void antInit(ANT& ant, double maxV)
{
    ant.pos[0] = rand01();
    ant.pos[1] = rand01();
    double x = rand01();           // 随机生成速度的方向
    double y = rand01();
    double r = sqrt(x * x + y * y);
    if (r < 1.e-10)
    {
        x = 1.;
```

```
        y = 0.;
        r = 1.;
    }
    ant.v[0] = maxV * x / r;     // 根据速度的方向，将初始速度向两个方向上进行投影
    ant.v[1] = maxV * y / r;
    ant.f = 1.e50;
}

// 更新粒子的 pBest
void antUpdateF(ANT& ant, double ( * f)(double x, double y))
{
    double d = f(ant.pos[0], ant.pos[1]);
    if (ant.f > d)
    {
        memcpy(ant.pBest, ant.pos, sizeof(double[2]));
        ant.f = d;
    }
}

// 更新粒子的位置
void antUpdatePos(ANT& ant, double w, double c1, double c2, double gBest[2])
{
    double r1 = rand01();
    double r2 = rand01();
    for (int k = 0; k < 2; k++) {
        ant.v[k] = w * ant.v[k] + c1 * r1 * (ant.pBest[k] - ant.pos[k]) + c2 * r2 * (gBest
[k] - ant.pos[k]);
        ant.pos[k] += ant.v[k];
        ant.pos[0] = res01(ant.pos[0]); // 限制在[0,1]
        ant.pos[1] = res01(ant.pos[1]); // 限制在[0,1]
    }
}

// 显示粒子
void antsShow(int n, ANT * ants, double gBest[2])
{
    BeginBatchDraw();
    PlotClear();                           // 用背景色清空屏幕
    for (int i = 0; i < n; i++) {
        PlotPoint({ ants[i].pos[0] ,ants[i].pos[1] }, 16, RED, CIRCLE_SOLID);
    }
    PlotPoint({ gBest[0] ,gBest[1] }, 16, GREEN, CIRCLE_SOLID);
    PlotPoint({ 0.5 ,0.5 }, 16, WHITE, CIRCLE_SOLID);
    FlushBatchDraw();
    PlotSleep(50);
```

```
}

void antsUpdateB(int n, ANT * ants, double& gF, double gBest[2])
{
    for (int i = 0; i < n; i++) {
        if (gF > ants[i].f) {
            memcpy(gBest, ants[i].pBest, sizeof(double[2]));
            gF = ants[i].f;
        }
    }
}

// 返回 1 = 收敛,0 = 不收敛
int antsConverge(int n, ANT * ants, double gBest[2], double e)
{
    for (int i = 0; i < n; i++) {
        if (fabs(ants[i].pos[0] - gBest[0]) > e ||
            fabs(ants[i].pos[1] - gBest[1]) > e)
            return 0; // devergent
    }
    return 1; // converge
}

// 求 min f(x,y), 其中 f(x,y) > = 0, 定义域为[0,1]x[0,1]
// 输入 n 为粒子规模,输入 PSO 参数 w,c1,c2, maxV 是最大速度,max 是最大迭代次数,e 是容差
// 输出为最优的位置 gBest
int pso(double ( * f)(double x, double y), int n, double w, double c1, double c2, double maxV, int
max, double e, double
    gBest[2])
{
    int i, j;
    double gF = 1.e50;
    ANT * ants = NULL;
    ants = new ANT[n];
    // 初始化粒子群
    for (i = 0; i < n; i++) {
        antInit(ants[i], maxV);
        antUpdateF(ants[i], f);
    }
    antsUpdateB(n, ants, gF, gBest);                    // 得到初始的 gBest 和 gF
    antsShow(n, ants, gBest);                           // 显示函数
    for (j = 0; j < max; j++) {
        for (i = 0; i < n; i++) {
            antUpdatePos(ants[i], w, c1, c2, gBest);    // 更新粒子的速度、位置
            antUpdateF(ants[i], f);                     // 更新粒子的 pBest 和 f 值
```

```
        }
        antsUpdateB(n, ants, gF, gBest);                    // 更新 gF 和 gBest
        antsShow(n, ants, gBest);                           // 显示函数
        if (antsConverge(n, ants, gBest, e) == 1)           // 如果收敛
            break;                                          // 停止迭代
    }
    delete[] ants;
    return 1;
}

// Rosenbrock 函数
double f(double x, double y) {
    return 100 * (0.5 * y - x * x) * (0.5 * y - x * x) + (x - 0.5) * (x - 0.5);
}

// Rastrigin 函数
double f1(double x, double y) {
    x = x - 0.5;
    y = y - 0.5;
    return 20 + 10 * x * x + 10 * y * y - 10 * cos(20 * PI * x) - 10 * cos(20 * PI * y);
}

int main() {
    srand((unsigned)time(NULL));
    // 初始化绘制窗口
    PlotInit({ 0.0, 1.0, 0.0, 1.0}, 640, 480);
    PlotClear();                                            // 用背景色清空屏幕
    int n = 50;                                             // 粒子群规模
    double w = 0.5;                                         // 权重值
    double c1 = 1.0, c2 = 1.0;                              // 学习因子
    double maxV = 1e-8;                                     // 初始速度
    double e = 1e-6;                                        // 收敛条件
    int max = 10000;                                        // 最大迭代次数
    double gBest[2];                                        // 最优位置
    pso(f, n, w, c1, c2, maxV, max, e, gBest);
    _getch();
    return 0;
}
```

10.6　模拟退火算法求解一元函数极值问题代码

```
#include "plot.h"     // 简单绘图框架
#include <math.h>
#include <stdlib.h>
#include <string.h>
#include <time.h>
```

```
#define rand01() ((double)rand()/RAND_MAX)

// 带求解极值函数
double f(double x) {
    return 25 + 9 * x + 10 * sin(45 * x) + 7 * cos(36 * x);
}

// 模拟退火算法求解一元函数极值
int main() {
    // 模拟退火参数
    double t = 1000.0, x = rand01(), y = f(x), dF = 0.0, xNew = 0.0, cooling = 0.99, min =
0.0001;
    // 计算函数图像上的点
    int numpnts = 1000;                    // 绘制 1 000 个点
    double * pntsX = new double[numpnts];
    double * pntsY = new double[numpnts];
    for (int i = 0; i < numpnts; i++) {
        pntsX[i] = 0.0 + 1.0 / (numpnts - 1) * i;
        pntsY[i] = f(pntsX[i]);
    }
    // 初始化绘图窗口
    PlotInit({ 0.0,1.0,5.0,50.0 }, 640, 480);
    PlotClear();                           // 用背景色清空屏幕
    PlotPointArray({ pntsX,pntsY,1000 }, 0, 1, WHITE, BLUE);
    PlotPoint({ x,y }, 16, RED, CIRCLE_SOLID);

    while (t > min)                        // 当当前温度还未降到最低温度时
    {
        xNew = rand01();                   // 用随机的方法产生一个新的解
        dF = f(xNew) - f(x);
        if (dF < 0 || rand01() < exp( - dF / t)) {
            x = xNew;
            y = f(x);
        }
        t *= cooling;                      // 降温
        BeginBatchDraw();
        PlotClear();                       // 用背景色清空屏幕
        PlotPointArray({ pntsX,pntsY,1000 }, 0, 1, WHITE, BLUE);
        PlotPoint({ x,y }, 16, RED, CIRCLE_SOLID);
        EndBatchDraw();
        PlotSleep(1);
    }
    delete[] pntsX;
    delete[] pntsY;
    _getch();
    return 0;
}
```

参考文献

[1] 宁涛. 工程中的计算方法[M]. 北京:机械工业出版社,2020.
[2] 李庆扬,王能超,易大义. 数值分析:数值算法分析与高效算法设计 [M]. 5 版. 武汉:华中科技大学出版社,2018.
[3] Edwin K P Chong, Stanislaw H Zak. 最优化导论[M]. 孙志强,白圣建,郑永斌,译. 北京:电子工业出版社,2021.
[4] 周志华. 机器学习[M]. 北京:清华大学出版社,2016.
[5] 李航. 统计学习方法[M]. 2 版. 北京:清华大学出版社,2019.
[6] Timothy Sauer. 数值分析[M]. 2 版. 裴玉茹,马赓宇,译. 北京:机械工业出版社,2014.